ESSAI
PHYSIOLOGIQUE
SUR
LA SENSIBILITÉ.

ESSAI PHYSIOLOGIQUE SUR LA SENSIBILITÉ.

PAR P. A. PROST,

De la Société de Médecine de Paris, de celle de Lyon, etc.

Res ardua vetustis novitatem dare.
PLIN.

PRIX : 3 fr. 50 c.

A PARIS,

Chez DEMONVILLE, Libraire, rue Christine, n.° 12;
Et chez l'AUTEUR, même maison.

A LYON,

Chez { REYMANN et C.ie, Libraires, rue St-Dominique;
J. AYNÉ, Libraire, rue Mercière, n.° 11.

1805.

A SON EXCELLENCE

M. FOURCROY,

CONSEILLER D'ETAT,

CHARGÉ DE L'INSTRUCTION PUBLIQUE,

Professeur et Auteur, Membre de l'Institut de France, de diverses Sociétés savantes, Commandant de la Légion d'honneur, etc. etc.

MONSIEUR,

L'accueil dont vous avez favorisé mes premiers écrits, votre amour pour les Sciences, les progrès qu'elles vous doivent, et l'appui que vous offrez à ceux qui les cultivent; tels sont les motifs qui m'ont déterminé à vous faire hommage de cet Essai sur la Sensibilité. *En l'agréant, vous inviterez le public à l'indulgence envers un Livre dont l'objet est de rassembler quelques matériaux propres à la construction d'un ouvrage plus étendu. Ce nouveau bienfait ajoutera à la reconnaissance avec laquelle j'ai l'honneur d'être,*

Monsieur,

Votre très-obéissant serviteur,

PROST.

PRÉFACE.

DESIRANT payer mon tribut à la Société de Médecine de Lyon, après avoir eu l'honneur d'être associé à ses travaux, je pris la sensibilité pour sujet d'un mémoire ; mais ce travail me mit plutôt dans le cas de reconnaître l'étendue de ce sujet, que d'y satisfaire : sans espoir de parvenir à ce dernier but, je retouchai mon premier ouvrage, ayant l'intention de le livrer à la presse. A peine les premières pages eurent-elles été imprimées, que je vis mon objet s'agrandir : un espace immense se présentait à mes regards, et je n'en apercevais point le terme. Mais j'avais commencé, et il fallait, sinon finir, au moins aller en avant : je continuai donc. C'est un essai, et le public le recevra peut-être avec bonté. Ce travail me mettant dans le cas de méditer sur l'importance de cette grande propriété et sur les phénomènes qui lui appartiennent, me secondera dans le desir que j'ai de me reconnaître, par un ouvrage plus étendu, de l'indulgence que je réclame pour ce premier.

La sensibilité est une des propriétés qui président aux grandes opérations de la nature ; elle est le principe, la source, la base de la vie : c'est par elle que les corps organiques naissent, vivent et se reproduisent. Sans cette propriété, la nature ne se composerait que de matières inertes et d'opérations physiques : l'affinité, l'attraction, l'agrégation et la gravitation, régleraient tous les phénomènes du monde.

La sensibilité est susceptible d'un nombre infini d'états divers ; ses changemens sont la cause de l'immensité des opérations de la vie ; elle diffère pour chaque ordre et pour chaque espèce de corps organiques, pour chaque individu, pour chaque organe, pour chaque système, pour chaque partie d'un système : elle est différente dans une molécule organique de ce qu'elle est dans celle avec laquelle celle-ci est unie.

Un petit nombre de propriétés sortirent des mains de la nature : le pouvoir de déterminer tous les phénomènes de l'univers leur fut attribué ; ce pouvoir consiste dans la faculté qu'elles ont d'agir les unes sur les autres, et dans les changemens infinis qui peuvent résulter de leur action réciproque. La sensibilité fut de ce nombre ; elle est soumise à l'action des substances sur lesquelles règnent les lois physiques : celles-ci, trop faibles pour en arrêter le cours, lui cèdent la domination en quelques cas, mais elles se réservent de la reprendre à une époque déterminée ; elles rentrent alors lentement dans leur droit sur les matières qui cessent de vivre ; ce droit, elles l'abandonnent encore chaque jour sur les substances qui passagèrement jouissent de la vie, en servant à la nutrition des corps organiques. Tous les phénomènes ont rapport à ces opérations générales, qui consistent dans le pouvoir qu'ont les germes et les corps organiques, d'agir en faveur de la sensibilité qui leur est attribuée, sur les substances inertes ; et dans les propriétés qu'ont celles-ci sur ces corps : les divers états que parcourent les êtres vivans dans la santé et pendant les maladies, sont une conséquence des influences plus ou moins éloignées de ces substances en quelques cas, et de leur action directe en d'autres.

L'atmosphère est un réservoir commun composé des émanations diverses, 1.° des astres avec lesquels la terre communique directement ; 2.° de cette dernière ; 3.° de tous les corps placés à la superficie du globe. Ces diverses matières sont les matériaux, d'où proviennent ces corps, et dans lesquels ils rentrent, tantôt d'une manière sensible, tantôt d'une manière insensible. Le calorique, qui est indispensable à la vie, dans certaine proportion, est le moyen puissant qui rend les substances à l'atmosphère, lorsqu'il se combine avec elles en assez grande quantité ; il détruit même les attributs organiques auxquels s'attache la sensibilité, lorsqu'il est trop abondant. Ces attributs disparaissent encore, lorsque le calorique est trop rare, ou plutôt lorsque la chaleur est insuffisante aux besoins des corps organiques ; d'où il résulte que la chaleur qui est le principe premier de la vie, exerce sur cette propriété le pouvoir le plus illimité , relativement à ses diverses phases , à son développement, et à sa destruction.

Les grandes métamorphoses qu'opère la chaleur en faveur de la vie , appartiennent aux rayons solaires : le même pouvoir paraît régir l'univers ; il nous représente ce principe de la nature , qui consiste dans l'exécution de toutes ses opérations par le moyen d'un petit nombre de procédés.

Nous pouvons comparer philosophiquement les phénomènes dépendans de la sensibilité, à ceux qui résultent de la chaleur ; ils varient autant que les changemens qui peuvent provenir de l'action de cette dernière sur les substances qui occupent la surface de la terre.

Lesfluides et les solides vivans doiventleur caractère essentiel à un principe qui est universel, c'est-à-dire à la lumière et à la chaleur solaires. Ce principe décide des changemens de l'atmosphère ; celle-ci règle la sensibilité, qui résulte des propriétés que donnent certaines parties qui concourent à former l'air. Ainsi s'unissent tous les phénomènes; la chaleur est le pivot sur lequel le tourbillon qui en résulte, repose. Ce principe, qui peut différer à l'infini , dispose de plusieurs autres ; il préside aux lois physiques et aux lois vitales : la sensibilité en est une conséquence, mais elle résulte plus directement d'un autre pouvoir, qui, loin d'exclure ce premier , ne peut agir que par sa médiation, c'est-à-dire l'oxigène. Cette matière , qui paraît tenir essentiellement à la terre , puisque son but est la solidification, donne au sang des propriétés si favorables à la vie, que celle-ci ne peut exister, sans cette condition, chez les animaux. Ainsi se divisent les pouvoirs, à mesure qu'ils s'éloignent de la source commune, que le sang oxigéné ou le sang rouge devient à son tour un principe sans lequel la sensibilité s'éteint tout-à-coup. Cette propriété varie autant que le sang, dans sa nature et son cours; ses changemens peuvent parcourir des degrés si différens, qu'il est impossible, sous ce rapport seulement, de déterminer les variétés qu'elle peut offrir dans chaque parenchyme organique. Ces variétés sont cependant soumises à des lois immuables, puisque chaque tissu, chaque système et chaque petit vaisseau a une sensibilité qui, dans tous les temps de la vie, a des dispositions qui lui sont particulières.

Tous les principes naturels se lient dans leur action, et la sensibilité varie en raison de l'influence des uns et des autres, et en raison de la nature de toutes les substances qui proviennent de la réunion des matières les moins composées, quand elles sont en rapport avec les corps organiques. Cet ensemble de causes successives dispose absolument de la sensibilité, qui leur est soumise de deux manières; d'abord par leur action sur les surfaces exposées à leur premier contact, ensuite par leur union avec nos humeurs et enfin avec les solides qui vivent sans cesse aux dépens de ces dernières ; d'où il résulte que les fluides deviennent plus ou moins excitans, et que les solides sont plus ou moins excitables, en raison des parties qui se sont unies à celles qui concourent à notre formation, et en raison de la force avec laquelle la sensibilité et la contractilité organiques s'exercent sur la peau et sur les membranes muqueuses.

La sensibilité organique est relative à l'excitation ; elle règle la contractilité, qui en est une conséquence ; celle-ci est le principe de la circulation, qui est proportionnée à son action : les fluides mis en mouvement portent à leur tour l'excitation dans toute l'économie, et les diverses fonctions sont déterminées par cet ensemble de moyens. Ainsi s'enchaînent les opérations vitales ; elles se provoquent de telle manière, qu'elles dépendent les unes des autres, et que la vie résulte de leur ensemble. Cet attribut, quelque paraisse être son pouvoir, est suspendu à un fil ; un souffle l'agite, et décide de la multitude des phénomènes qui en font partie, soit sous le rapport des fonctions organiques, soit sous celui des fonctions animales. Il s'agit dans cet ordre de choses, d'une succession de puissances dont les unes se développent à l'aide des autres. Ces puissances sont en petit nombre dans l'exécution des fonctions qui sont simples ; elles se multiplient pour les fonctions composées, et augmentent dans la proportion des complications. Si vous coupez le fil qui suspend la vie à son principe, toutes ces puissances se trouvent sans action. Le sang rouge nous donne l'image de ce fil : dès que cette liqueur perd sa couleur et devient noire, aussitôt la sensibilité s'éteint, la contractilité n'a plus lieu, et toutes les fonctions qui en dépendent s'arrêtent. La vie organique et la vie animale meurent à-la-fois.

Les phénomènes de l'économie, ceux d'où dépend la vie et ceux qui en proviennent, nous représentent ce qui se passe dans l'univers ; le même principe règle cet ensemble d'opérations qui se multiplient autour de nous et dans nos organes. La lumière et la chaleur solaires circulent, comme le sang artériel, en portant par-tout les principes essentiels auxquels tous les autres sont soumis. Ces puissances universelles vont de toute part animer, pour ainsi dire, les puissances locales, les puissances particulières à chaque astre, à chaque corps, organique ou inorganique, dépendans de ceux-ci. Si la chaleur manquait à tout l'univers, toutes les puissances secondaires demeureraient dans l'inaction ; les matières essentielles qui sont destinées à concourir, avec le principe solaire, à tous les phénomènes, seraient immobiles et leur action réciproque n'aurait plus lieu. Sans chaleur, point de vie, point de mouvement. Le principe solaire est, pour le monde entier, ce que le sang rouge est pour chaque fonction de la vie, la source d'où découlent tous les pouvoirs qui s'unissent pour son accomplissement.

Si nous comparons philosophiquement, en rapprochant les phénomènes, l'homme, ou tout autre animal, au globe que nous habitons, nous reconnaissons bientôt la conformité des moyens qu'emploie la nature. Une atmosphère environnante, composée des émanations du corps organique se confond avec celle du globe : c'est dans cette atmosphère que s'exécutent les opérations communes, c'est-à-dire celles qui appartiennent aux lois vitales et celles qui sont soumises aux lois physiques. C'est dans cet espace que les premiers attributs de la vie sont accordés aux substances qui vont acquérir cette propriété : dans le même intervalle, les lois physiques reprennent leur empire sur les matières qui ont concouru à l'entretien de la vie, mais qui cessent de vivre. C'est sur la peau et sur les membranes muqueuses que s'opèrent les fonctions les plus actives et les plus importantes de l'économie : ces fonctions sont, ainsi que celles de la surface de la terre, relatives à l'action des substances extérieures, qui les provoquent, en même temps qu'elles fournissent des moyens à leur exécution ; elles sont de même proportionnées à la vitalité et aux dispositions particulières de chaque portion de ces surfaces.

Les phénomènes intérieurs offrent encore de grands rapprochemens ; savoir la production d'une matière combustible qui donne lieu, par ses désordres, à des explosions volcaniques, à des dégagemens de gaz, à des excitations qui portent le trouble dans l'économie entière : c'est-à-dire, la bile.

La structure animale, ou l'ordre organique des animaux, offre, de plus que les végétaux et que le globe, un concours de forces qui dépendent toujours du principe général, ou du sang rouge, mais qui tiennent à des moyens particuliers. Deux grands systèmes qui s'accompagnent réciproquement dans leurs distributions, lesquelles concourent à la formation de toutes les parties du corps, se terminent entièrement par des centres qui sont les organes les plus indispensables à la vie. Ces systèmes sympathisent de telle manière, qu'ils mettent toutes les parties du corps en relation entr'elles et avec ces centres respectifs, et que leurs extrémités sont chargées des fonctions les plus importantes aux deux vies, auxquelles elles concourent en même temps et dans les mêmes proportions. Les rapports sympathiques de ces systèmes sont tels, que les lésions d'une partie tendent à se communiquer à toutes, et principalement aux organes qui reçoivent davantage de leurs rameaux, comme le cœur et les intestins, pour le système des ganglions ; et à toutes les parties qui offrent beaucoup de vaisseaux rouges, ou qui jouissent de beaucoup de vitalité, relativement au système artériel. Le cœur est, sous un double rapport, un point central où convergent les excitations ; cela tient à deux causes : 1.° à ce qu'il est lui-même le centre d'un système considérable ; 2.° à ce qu'il reçoit beaucoup des branches de l'autre système, et qu'il est de cette manière doublement uni aux phénomènes qui appartiennent à l'un et à l'autre. Les lésions de ces systèmes sont celles qui altèrent le plus la sensibilité : celle-ci est une conséquence du rôle qu'ils remplissent dans toute l'économie.

Les membranes muqueuses et la peau forment les appareils où ces systèmes sont chargés des fonctions les plus actives ; c'est dans leur étendue qu'ils communiquent plus ou moins immédiatement avec les substances extérieures, à l'action desquelles la nature a subordonné la vie. La peau et les membranes de la digestion sont chargées des opérations les plus importantes de celles auxquelles ils président : ces dernières ayant pour objet d'introduire, dans le domaine de la vie, les matières qui doivent concourir à son entretien, sont l'objet de presque toutes les lésions ; celles du système nerveux s'y portent avec la plus grande facilité, par suite de l'ordre sympathique de ce système. Les lésions des artères et des capillaires, qui en sont la continuation, s'y communiquent avec d'autant plus de promptitude, que le sang reflue particulièrement dans l'abdomen dès qu'il est éloigné du derme ; et qu'il trouble alors les fonctions de l'organe biliaire : ce qui devient une source nouvelle de désordres.

Les fonctions des nerfs organiques et des artères

ont

ont pour objet principal, la sensibilité et l'action continuelle, qu'ils provoquent de plusieurs manières; savoir, pour le système des ganglions, par la sensibilité organique, qui est le principe de la contractilité; pour les artères, par le mouvement qu'elles entretiennent par leur déplacement; et pour le sang, par l'excitation qu'il porte de toute part et la provocation de toutes les fonctions qu'il détermine. Tout ce qui excite, agit sur le système organique médiatement ou immédiatement : les artères mettent le cerveau dans un état de mouvement alternatif pendant toute la vie; elles produisent le même effet sur le ganglion semi-lunaire qui paraît le centre du système organique. La contractilité insensible, s'exécutant par-tout, rend enfin le mouvement général. L'action presque continuelle des intestins, de l'estomac et de la vessie, qui est également soumise au système organique et au rôle que joue dans ces organes le système à sang rouge, ajoute encore au mouvement perpétuel qui entretient la vie, et qui en dépend.

Les rapports des systèmes artériel et nerveux organiques sont si intimes, que les désordres de l'un, influent nécessairement sur les attributs de l'autre; que l'exaltation de la sensibilité provoque le passage contre nature du sang rouge dans les capillaires, et que ce passage produit à son tour l'exaltation de cette propriété; de telle manière que les mêmes causes n'agissent plus dans un instant comme elles le faisaient dans un autre ; que leur action va en augmentant, en raison du plus grand nombre de capillaires qui reçoivent du sang rouge.

Les désordres de la sensibilité sont relatifs à plusieurs dispositions ; savoir : 1.° à la nature et aux fonctions de l'organe lésé ; 2.° à la facilité avec laquelle les vaisseaux et les nerfs peuvent être comprimés, quand ils sont distendus, par les fluides qu'ils contiennent ; 3.° à la quantité de nerfs qui concourent à former les organes, et à la facilité avec laquelle ces nerfs peuvent être irrités par les substances extérieures ; 4.° à tous les changemens survenus dans la nature et le cours des fluides, et principalement dans les liqueurs muqueuses, pour les membranes ; et dans le sang, pour les vaisseaux.

La sensibilité non naturelle du premier genre, ou la douleur, est encore d'autant plus vive, qu'elle est plus extraordinaire et plus difficile à éveiller dans certains tissus ; tels sont les os, les tendons et les fibres tendineuses : les tiraillemens pour ces dernières, les gonflemens pour les premiers, et les caries, sont susceptibles de douleurs les plus aiguës. Cette dernière disposition paraît tenir aux lésions des parties nerveuses et vasculaires, qui se compriment elles-mêmes sur les parties dures, quand elles éprouvent une espèce de renflement, et peut-être par quelques dispositions qui nous sont inconnues.

Les lésions principales de la sensibilité consistent ainsi que leurs causes, dans des dispositions si difficiles à reconnaître, que les unes et les autres nous échappent la plupart du temps : notre ignorance à leur égard est d'autant plus grande encore, que nous nous sommes à peine occupés des unes et des autres. L'atmosphère est la source des premières, la peau et les membranes muqueuses sont le sujet des secondes. Les causes consistent dans les moyens qui exaltent ou affaiblissent les propriétés organiques ; les effets, ou les lésions, consistent dans cette exaltation ou cet affaiblissement.

Si nous consultons les livres de médecine et ceux d'anatomie pathologique, nous sommes bientôt étonnés du peu d'attention qu'ont porté les auteurs sur ces diverses dispositions. S'agit-il des phénomènes qu'on a pu remarquer avant la mort ? la sensibilité et la contractilité organiques des capillaires cutanés ou muqueux sont à peine examinées. Est-il question des faits anatomiques ? même négligence. On est, avec raison, surpris de voir des recueils d'anatomie pathologique considérables, dans lesquels il n'est pas même parlé des systèmes les plus importans à la vie, tels que les capillaires ; ni des appareils qui sont chargés des fonctions les plus étendues sous le rapport de l'une et de l'autre vie ; tels, la peau et les membranes muqueuses. Comment, dans cet état de choses, pourrions-nous avoir fait des progrès dans la science ? Le sang, qui est l'excitant commun, les liqueurs muqueuses, qui sont des excitans particuliers, d'une grande importance, pour l'une et l'autre vie, n'ont pas même éveillé l'attention des observateurs qui se sont occupés des fondemens de la médecine. Les organes en masse, ou bien les lésions particulières, déterminant des changemens dans la forme, le volume et la consistance des organes divers ; voilà les objets des recherches principales sur lesquelles nous pouvons étayer nos théories et nos documens dans l'état actuel, tandis qu'au contraire, les systèmes, les tissus, les appareils, les fluides en particulier, sont les objets importans sur lesquels nous devons attacher nos regards. Comment pouvoir les juger dans l'état pathologique ? lorsque nous ne sommes pas même dans le cas de prononcer sur leurs attributs naturels. Faisons les premiers pas, si nous voulons entrer dans la carrière, si nous voulons la parcourir avec avantage. Il faut connaître les causes de la santé pour chercher utilement celles des maladies ; il faut savoir quel est le caractère des excitans, et quelles sont les dispositions des excités dans l'état naturel, si nous voulons être dans le cas de juger les uns et les autres dans l'état pathologique.

Occupons-nous de l'état qui constitue la santé dans chaque partie vivante, et passons ensuite aux dispositions qui caractérisent les maladies en particulier. N'oublions pas sur-tout que chaque fluide a un caractère spécial, que chaque partie solide a un mode de sensibilité qui lui est propre; que les lésions d'une partie des systèmes généraux tendent à se communiquer aux autres parties, et à leurs centres respectifs; que le cœur et les intestins sont les objets communs des troubles de toutes les lésions éloignées, ou rapprochées de ces organes; que chaque vaisseau capillaire peut être lésé différemment de celui qui en est le voisin; qu'une petite portion d'une membrane peut être altérée, tandis que la membrane entière est plus ou moins saine, ou différemment affectée; que les systèmes capillaires tendent sans cesse à se provoquer dans la santé comme dans les maladies; que les désordres des fluides produisent ceux des solides, et que les lésions de ces derniers sont nécessairement suivies du trouble des premiers; que les affections des systèmes à sang rouge et du nerveux organique sont celles qui causent les maladies les plus graves sous le rapport de la sensibilité, soit organique, soit animale.

La physiologie et la pathologie sont tellement inséparables, que l'une n'existe que par l'autre. C'est comparativement que nous apprenons à reconnaître l'état de santé et celui de maladie; mais pour juger de toutes les dispositions de l'un et de l'autre, il est indispensable d'avoir l'histoire exacte des phénomènes qui ont précédé la mort; il est nécessaire de mettre en comparaison les causes, les effets et tous les signes qui leur appartiennent. « L'histoire des phénomènes dans lesquels les

» forces vitales ont leur type naturel, nous mène
» comme conséquence à celle des phénomènes où
» ces forces sont altérées. » *Bichat, Anat. gén., Préface, pag.* 52. « Tout moyen curatif, dit le
» même auteur, n'a pour but que de ramener les
» propriétés vitales altérées au type qui leur est
» naturel. » *Pag.* 45.

Que pouvons-nous dire de l'état pathologique d'un organe, si nous ignorons quel est son état naturel ? Sur quoi poser les fondemens de la médecine, si nous ne savons pas en quoi consistent les lésions essentielles ? Quel tissu, quel système, quel organe en sont le siége ? Chaque médecin devient un juge particulier ; son impuissance est souvent un sujet d'erreur pour lui, en ce qu'il attribue à ces vains médicamens les succès de la nature malgré leur action contradictoire. On ne s'occupe point de principes dans cet état de choses ; chacun fonde sa doctrine sur son expérience ou sur ses préjugés. Autant d'hommes, autant d'opinions différentes. Que vous importe d'être d'accord sur les signes avec un autre médecin, si vous ne les rapportez ni l'un ni l'autre à une altération déterminée qui devient l'objet de votre traitement ? « On dit que la pratique de la
» médecine est rebutante ; je dis plus : elle n'est
» pas, sous certains rapports, celle d'un homme
» raisonnable, quand on en puise les principes
» dans la plupart de nos matières médicales. Otez
» les médicamens dont l'effet est de stricte obser-

» vation, comme les évacuans, les diurétiques,
» les sialagogues, les anti-spasmodiques, etc.,
» ceux par conséquent qui agissent sur une fonc-
» tion déterminée, que sont nos connaissances
» sur les autres? » *Bichat*, *Anat. gén.*, *Préf.*, *pag.* 47.

Telle est l'inexactitude de nos données sur le très-grand nombre des maladies, que nous n'avons sur leur nature que des idées fausses, ou incertaines, lors même que nous connaissons une partie des phénomènes anatomiques qui leur appartiennent : cela tient absolument à l'état où en est la physiologie, à l'espèce d'ignorance dans laquelle nous sommes sur les propriétés de chaque tissu organique, de chaque partie des systèmes qui sont plus ou moins généraux, et sur-tout de l'artériel et du nerveux organique. Pour m'expliquer sur cette disposition, je prendrai les phlegmasies pectorales pour exemple. Ces phlegmasies sont annoncées par des symptômes qui leur appartiennent, mais elles sont souvent compliquées de symptômes, qui sont accessoires et indépendans, c'est-à-dire qui proviennent de lésions éloignées de celles-ci; les signes bilieux, ataxiques, etc. etc., sont de ce nombre. Ces signes sont les résultats de certaines propriétés qui n'appartiennent point aux organes pectoraux, mais qui compliquent fréquemment leurs affections inflammatoires. Pour que les désordres cérébraux pussent provenir des organes de la poitrine, il faudrait que leurs nerfs eussent la propriété d'exciter le cerveau, de telle manière que le délire en fût le résultat : c'est ce qui n'a point lieu. Mais une chose facile en ce cas, un phénomène dépendant des relations qui existent entre les diverses parties du système organique, et qui est une simple conséquence de l'ordre naturel des sympathies, c'est que l'excitation des organes pectoraux se communique aux intestins par la médiation du système nerveux organique. Le trouble de la sensibilité de ces viscères en est le résultat; il provoque celui de leur contractilité sensible et de l'insensible ; il détermine l'afflux du sang dans ces organes : leur surface interne éprouve un état inflammatoire ; la veine porte reçoit une plus grande quantité de sang ; le volume du foie augmente même un peu, la plupart du temps; la bile devient plus abondante, et plus excitante en même temps, que l'appareil qui en éprouve l'action, est plus irritable : le mal enfin trouve en lui-même une cause d'augmentation, et ses progrès sont relatifs à toutes les dispositions particulières que nous avons énoncées en traitant du sommeil et du repos, et en exposant les phénomènes qui appartiennent au système abdominal dans tous les temps de la vie. Les symptômes qui compliquent la phlogose pectorale, lui appartiennent comme à toutes les autres phlegmasies des diverses parties du corps, et à toutes les lésions qui proviennent de l'exaltation des propriétés organiques; ils tiennent à la disposition qu'ont tous les nerfs des ganglions de transmettre au cœur et aux intestins leurs excitations, et à celle des nerfs internes de ces viscères, de réagir sur les propriétés cérébrales. Ne nous étonnons donc pas, d'après cet ordre sympathique, de retrouver les mêmes symptômes dans un si grand nombre de maladies; leur source est la même, et leur développement tient aux mêmes principes; ceux-ci font partie des lois vitales.

Nous pouvons faire ici l'application de ce que nous avons dit en parlant des principes essentiels; par-tout on retrouve leurs traits particuliers, leur action est générale : les changemens qui ont lieu dans la multitude des résultats qui en proviennent, sont relatifs aux circonstances particulières; celles-ci se multiplient à l'infini; elles décident des espèces et des classes, tandis que le principe décide du caractère essentiel ou commun. Les changemens que présentent les maladies qui émanent de la même source, sont relatifs aux divers états où se trouvent les fluides et les solides en général, aux causes extérieures, à la disposition naturelle ou accidentelle des organes lésés et des systèmes généraux. Mais dans tous les cas, l'abdomen est le centre vers lequel convergent toutes les excitations éloignées, et où tous les résultats des lésions tendent à porter le trouble. Les désordres se grossissent dans cette région; ils y changent de caractère, et y établissent en quelques cas un foyer incendiaire, d'où partent les irradiations qui vont ensuite troubler toutes les fonctions, et principalement celles auxquelles préside la sensibilité animale.

De tous les désordres qui tiennent aux lésions abdominales, la plus frappante est le délire : cette affection de la sensibilité est le résultat des changemens qu'éprouve l'appareil muqueux et nerveux qui forme la face interne des intestins. L'ordre des nerfs de cet appareil a des dispositions qui semblent n'appartenir qu'à lui ; il communique avec le centre de la vie animale de telle manière, qu'il lui transmet les phénomènes qui lui appartiennent sans que le jugement puisse s'exercer sur la cause de son désordre et distinguer les affections abdominales : aucune sensation douloureuse n'a lieu dans cette région, et la relation cérébrale, qui provient de l'exaltation des propriétés organiques de la surface muqueuse intestinale, consiste dans les signes ataxiques et nerveux.

Après avoir multiplié les ouvertures de cadavres qui pouvaient m'éclairer sur ce phénomène, je publiai un ouvrage d'anatomie pathologique, dans lequel j'ai rapproché les diverses observations qui peuvent mettre le public dans le cas de prononcer sur les lésions qui appartiennent à beaucoup de maladies. Un grand nombre de faits y démontrent le même principe, relativement aux propriétés des nerfs internes des intestins. Depuis cette époque, j'ai été dans le cas de joindre beaucoup de faits anatomiques nouveaux à ceux que je possédais déjà : en confirmant les conséquences que je tirai des premiers, ils ont éveillé l'attention des gens de l'art, et ont mis quelques observateurs dans le cas de confirmer les maximes de ce même ouvrage. Je pourrais rapporter un grand nombre de ces observations, dont les unes ont été faites sous mes yeux, et les autres m'ont été communiquées par divers médecins, mais je me contenterai d'en citer ici quelques-unes. Le professeur Gilibert, médecin de Lyon, aussi recommandable par ses talens et ses écrits que par sa conduite généreuse envers son pays assiégé, est l'auteur de la première; celle-ci consiste dans l'histoire d'un jeune homme qui éprouvait des symptômes de manie très-violens: M. Gilibert insista sur les anti-vermineux, et le malade guérit après avoir rendu beaucoup de vers lombricaux. Le docteur Couade m'a rapporté une observation semblable qui lui est particulière. M. Billerey, médecin de Grenoble, digne, par ses talens, d'honorer nos meilleures Ecoles, a guéri depuis peu de temps une maniaque très-furieuse, par l'émétique administré à plusieurs reprises. Beaucoup de faits qui se rapportent à ces deux dispositions, me sont propres, ou m'ont été communiqués par des gens de l'art. On trouve des observations de ce genre dans quelques journaux de médecine. Leur réunion concourt à démontrer les principes essentiels de cet ouvrage, et confirme les maximes sur lesquelles j'ai insisté dans le premier.

Les intestins sont donc l'objet des lésions qu'on avait attribuées au cerveau sans aucun fondement. En démontrant les faits qui concernent ces viscères, on peut en rapporter et en citer beaucoup qui prouvent que ce dernier organe peut être fort altéré, et éprouver un état de phlogose sans que le délire ait lieu. Je me contenterai de joindre deux observations de ce genre, à toutes celles dont on peut tirer les mêmes conséquences. La première de ces observations appartient à M. Couade; elle concerne un homme qui fut blessé par un daim, de telle manière que la corne de cet animal perça la paroi supérieure d'un orbite, et déchira la substance cérébrale très-gravement. Ce malade vécut plusieurs jours encore après cet accident, et mourut sans avoir éprouvé de délire. Le cerveau était cependant fort altéré; ce que tend à prouver encore la large ouverture qu'offre la voûte orbitaire sur la pièce anatomique conservée par M. Couade. La deuxième observation m'a été communiquée par mon ami M. Ginet, médecin, aussi instruit que bon observateur et sage praticien. Cette observation a pour objet un homme qui tomba d'un lieu élevé sur l'angle d'une pierre; le crâne fut fendu, une portion du cerveau jaillit hors des tégumens; mais les os se rapprochèrent aussitôt, de telle manière que la guérison eut lieu sans aucune opération et sans délire.

Les surfaces destinées à établir nos relations avec les substances ou corps extérieurs, avaient besoin d'être pourvues de propriétés actives pour l'exécution de leurs fonctions, et la nature leur en attribua de très-étendues. Ces fonctions, également importantes à l'une et à l'autre vie, diffèrent pour chaque partie de ces appareils : tout nous porte à penser que nous n'avons que des idées incomplettes, et souvent très-fausses, sur les unes et les autres. Si nous considérons ces appareils sous le rapport de la sensibilité animale, nous voyons que chacune de leurs parties offre un mode différent de cette propriété. Si nous cherchons à les connaître relativement à leurs fonctions organiques, nous reconnaissons bientôt que celles que nous sommes dans le cas de distinguer ne diffèrent pas moins. Mais tout nous porte à croire que le plus grand nombre de ces opérations nous échappe : celles que détermine le principe magnétique, et une partie de celles que provoquent les matières les moins composées de la nature, ne nous sont guères connues. Ces divers principes agissent sur les propriétés organiques d'une manière fort inconstante ; leur immodération forme les causes premières du grand nombre des maladies : ces causes altèrent les propriétés des fluides et des solides de plusieurs manières ; elles les exaltent en quelques cas et les affaiblissent en d'autres. Les phénomènes que nous pouvons reconnaître relativement à l'organe de la bile sous ces diverses influences, sont peut-être autant le résultat des changemens qu'éprouvent les fluides que celui des solides. Les premiers deviennent vraisemblablement plus excitans en certaines circonstances, et les seconds plus excitables ; tandis que dans d'autres cas, des dispositions opposées ont lieu. Tout semble nous indiquer que quel que soit l'objet de ces désordres premiers, leur but principal est toujours le trouble des propriétés du derme, des membranes et des glandes muqueuses de la digestion ; les rapports sympathiques de ces trois appareils sont si intimes, que les lésions de l'un tendent toujours à se communiquer aux autres, quoique ces lésions ne se ressemblent point dans chacun de ces appareils. La sensibilité intérieure est, la plupart du temps, exaltée, parce que la sensibilité du derme a été affaiblie ; le reflux du sang cause les premiers désordres, le trouble des liqueurs muqueuses produit les seconds. Ceux-ci deviennent ensuite une source plus ou moins féconde de causes nouvelles qui agissent avec plus ou moins d'activité, en raison des dispositions que présente le sang artériel dans sa vitalité, sa quantité et sa circulation.

Les causes générales se font sentir sur tous les corps vivans, mais chacun les éprouve à sa manière et relativement à ses dispositions particulières ; delà résultent les différences infiniment variables que présentent les propriétés organiques et animales sous l'action des mêmes principes. Ces changemens sont relatifs à la constitution, au régime, au climat, aux habitudes, à l'âge, au tempérament, au sexe, etc. etc. Les principes essentiels qui exaltent la sensibilité, agissent principalement sur la matrice et sur l'organe biliaire ; ils opèrent dans les réactions de ces organes, des phénomènes vraiment étonnans, que nous ne serons peut-être jamais dans le cas d'expliquer.

Les propriétés organiques et les propriétés animales sont donc essentiellement soumises aux substances qui réagissent sur chaque individu : delà résultent les caractères nationaux, les dispositions climataires des différens peuples de la terre. Tous les êtres vivans sont modifiés par les mêmes principes, ils doivent leur force ou leur faiblesse, leur vivacité ou leur indolence à la manière différente dont les substances premières de la nature agissent sur eux, au développement et à la vitalité qu'acquièrent leurs organes, et successivement à la réaction différente de ces derniers sur les mêmes matières. Toutes les révolutions de la vie, naturelles ou accidentelles, sont des conséquences de ces causes premières, soit pendant la santé soit dans les maladies. Les actions qui nous surprennent, les caractères qui nous étonnent, les phénomènes infiniment variables dont l'explication nous embarrasse proviennent plus ou moins directement de ces causes; leur action est lente, et le désordre tient tantôt à une continuité d'excitations irrégulières, tantôt à l'exercice subit et violent des moyens perturbateurs; les divers phénomènes qui ont lieu pendant la santé et dans les maladies sont relatifs à ces différentes manières d'agir des mêmes causes. Les usages, les habitudes, les mœurs, le caractère et toutes les institutions humaines varient ou doivent varier suivant les mêmes lois.

La chaleur solaire est toujours le principe commun qui décide de l'action des principes secondaires, et la direction des rayons du soleil trace les grands changemens qui ont lieu sur notre globe. Les maladies, ainsi que tout ce qui tient à la vie, sont relatives à ce principe général, qui décide de leurs changemens comme de ceux qu'offre la santé; leurs signes, leur caractère, leur traitement sont proportionnés à la même cause.

Les divers états dont sont susceptibles les fluides, les solides et toutes les propriétés varient tellement, qu'un grand nombre de lésions qui sous quelques rapports semblent les mêmes, donnent lieu à des phénomènes tout-à-fait opposées. C'est ainsi, par exemple, que dans les fièvres intermittentes à type muqueux, les glandes abdominales sont fréquemment plus volumineuses que pendant la santé, et que tout le système abdominal est affecté. La même chose semble avoir lieu dans les affections bilieuses et ataxiques, c'est-à-dire que les mêmes organes sont malades, et que le volume des viscères muqueux du ventre est souvent aussi considérable dans le premier cas que dans le second; d'où on semble pouvoir conclure dabord que ces maladies, quelques opposées qu'elles paraissent,

raissent, tiennent aux mêmes causes. Quelle différence prodigieuse cependant entre les unes et les autres! mais cette différence a rapport aux propriétés plutôt qu'à la forme des organes lésés : delà proviennent les symptômes si opposés de ces diverses maladies. Pendant l'ataxie les propriétés abdominales sont exaltées, le foie est peu consistant, ainsi que toutes les glandes de cette région qui sont plus ou moins rougeâtres; dans les fièvres intermittentes chroniques ou muqueuses, au contraire, les propriétés de ces viscères sont peu considérables, leur consistance est ferme, leur couleur est plus ou moins grisâtre. Tout change dès-lors dans les phénomènes consécutifs, puisque ceux-ci sont relatifs aux propriétés naturelles ou accidentelles. Les maladies ataxiques diffèrent encore entr'elles d'une manière aussi remarquable; ces différences sont toujours les conséquences du principe général; elles se coordonnent à l'action des principes particuliers.

Suivez chaque portion du globe, et faites l'application des principes généraux sur lesquels nous avons démontré que reposent toutes les sciences physiques, et celles dont la vie est l'objet, aux choses que vous remarquerez dans chaque climat, et vous verrez combien la nature est constante dans ses opérations. Ce que nous appelons changement n'est autre chose que multiplication des opérations, déterminées par le même pouvoir, mais modifiées par des causes secondaires. C'est ainsi par exemple que les sites divers qui n'éprouvent que passagèrement l'influence solaire, ou qui ne l'éprouvent pas du tout, sont une cause de maladies, qui toutes affectent la peau, en affaiblissant ses fonctions, et en provoquant le reflux du sang dans les régions profondes. Combien cependant diffèrent entr'elles les maladies qui proviennent de cette source féconde! les unes et les autres ont beau tenir au même principe, les circonstances qui en changent le caractère, sont si multipliées, que leurs symptômes sont infiniment différens. La peau, les membranes muqueuses, l'appareil glanduleux, et le tissu cellulaire sont les appareils les plus exposés aux désordres qui émanent de la même cause; tantôt l'appareil muqueux est principalement lésé, tantôt le lymphatique est l'objet du trouble; delà les engorgemens qui ont lieu sous le derme ou dans l'appareil muqueux abdominal. Le mal fait des progrès en raison des causes différentes; il comprend partiellement ou complettement tout l'appareil glanduleux : dans tous les cas, cependant, l'affaiblissement des propriétés générales des fluides et des solides affecte toute l'économie.

En comparant les causes aux effets, nous voyons par-tout des différences considérables dans des circonstances qui sont les mêmes en apparence. Parmi les dispositions qui déterminent ces espèces de variation nous devons compter l'habitude; elle est une des plus remarquables; son empire est singulièrement étendu, tous les systèmes en sont susceptibles : elle présente deux dispositions aussi remarquables l'une que l'autre ; savoir, 1.° le penchant qu'ont les organes à répéter les mêmes actions par suite d'une instigation intérieure, qui n'est point soumise à la volonté, et qui, au contraire, tend sans cesse à agir contre son pouvoir ; 2.° la propriété qu'ont les causes excitantes de détruire ou d'affaiblir la sensibilité, lorsqu'elles agissent fréquemment sur les mêmes parties. Les organes cérébraux et ceux de la vie organique sont également soumis à l'influence de l'habitude ; de telle manière que les mêmes causes n'ont plus le même effet, et que les excitations variables ou inconstantes ont des résultats plus sensibles.

L'ensemble des phénomènes de la vie concourt à nous démontrer les mêmes faits ; les membres se meuvent souvent sans intention, ou sans l'action de la volonté, les sens deviennent moins sensibles aux mêmes excitations, et la chaleur et le froid, etc., produisent des effets moins vifs, tandis que le passage du chaud au froid provoque davantage la sensibilité, et que les résultats sont toujours différens en raison des habitudes.

L'habitant des contrées méridionales a peine à vivre au-delà des tropiques ; celui qui est né et qui demeure dans ces climats ne peut supporter la chaleur qu'on éprouve dans le voisinage de l'équateur ! tout cela tient à la même cause, au pouvoir de l'habitude ; les organes internes en éprouvent l'influence comme les organes extérieurs. Nous en trouvons une preuve dans l'action des médicamens, qui cesse d'être la même lorsqu'on en réitère l'administration. L'usage des liqueurs spiritueuses, par exemple, accoutume les organes à leur excitation, et les résultats diminuent d'intensité, en raison de l'habitude qu'on a de répéter les mêmes choses.

Ne confondons pas l'habitude avec l'exercice qui développe la sensibilité animale naturelle : cette propriété offre des dispositions particulières ; elle se perfectionne jusqu'à certaine époque de la vie ; l'exercice en favorise le développement. Il ne s'agit point de l'habitude dans ce cas, mais d'une opération animale à laquelle concourt le jugement, qui est lui-même relatif à cette opération.

Aucune sensation intellectuelle n'est innée, et toutes celles dont nous sommes capables, résultent de l'exercice de la sensibilité animale naturelle. Il était indispensable que le jugement, qui ne peut s'exercer que sur des faits, ou comparativement à ceux qui ont été transmis par les sens au centre commun, fût en rapport intime avec la sensibilité animale naturelle, et la nature a rendu ces attributs dépendans l'un de l'autre : ce rapport est tel, que le premier est relatif à la perfection des seconds. Le jugement se forme par l'action des sens ; ceux-ci se perfectionnent par le concours du centre commun. Tout vice de conformation, toute lésion directe ou sympathique des propriétés animales naturelles de l'un de ces divers organes peuvent devenir cause de trouble pour tous.

La sensibilité organique, quoique soumise à l'habitude, est cependant susceptible, sous quelques rapports, de développement par la multiplication des excitations. Cela tient à l'état sympathique du système artériel, à l'affluence du sang là où l'excitation a lieu, à son abondance là où elle est considérable, et à la propriété qu'a cette liqueur d'exalter la sensibilité en raison de la plus grande quantité qu'en contient le système artériel, et sur-tout les petits vaisseaux. Mais dans ce cas, l'ordre naturel est perverti, et l'exaltation des propriétés organiques devient un état de maladie; la sensibilité non naturelle en est la suite fréquente : cette propriété, soumise à son tour à l'habitude, diminue par l'effet de sa persévérance. Nous ne nous plaisons jamais à souffrir, mais nous nous accoutumons à la souffrance, et la douleur perd de son empire par sa durée.

La nature suit dans tous les procédés par lesquels elle règle les diverses opérations vitales, la même marche qu'elle observe dans l'ordre physique ; c'est-à-dire la loi du mouvement. Celle du quarré des distances s'accomplit sous le pouvoir de toutes les propriétés naturelles. Par-tout nous voyons les effets augmenter jusqu'à certaine époque, s'arrêter ensuite, et donner lieu enfin à des dispositions opposées. Les opérations sont-elles plus vives ? leur durée est moins longue ;

sont-elles plus lentes? leur terme est plus éloigné.

Les révolutions du globe et celles qui ont lieu dans l'ordre social tiennent au même principe. Le physicien, le naturaliste, le philosophe, le diplomate et le législateur doivent chercher, dans ce principe, la cause des événemens qu'ils observent dans les choses dont chacun d'eux s'occupe. Les uns et les autres doivent puiser dans la même source les règles de leurs sciences, les bases de leurs doctrines et les fondemens de leurs opérations. Il faut que la nature nous serve de guide dans tous nos travaux, si nous voulons obtenir des succès; elle nous prouve, par tous ses procédés, que le changement est indispensable, et qu'il varie suivant la lenteur ou l'activité avec lesquelles les choses s'accomplissent : l'immodération produit des états différens, et devient la cause fréquente des révolutions qui ont lieu dans les phénomènes physiques comme dans ceux auxquels préside la sensibilité. Craignez de trop irriter, si vous voulez ménager l'état de cette propriété qui convient à l'ordre naturel, ou à celui qui est indispensable à vos institutions, tant qu'elles ont des corps vivans pour objet; craignez aussi de ne pas exciter assez, si vous voulez éviter leur décadence. La nature n'est jamais dupe de nos caprices : c'est une roche contre laquelle viennent souvent se briser nos frêles nacelles, quand nous ne savons pas les conduire. Oh combien il est nécessaire aux faibles humains de connaître tous les états dont est susceptible la sensibilité, lorsqu'ils veulent agir sur leur espèce ou sur toute autre qui est douée de la vie! mais cette étude doit être relative à l'objet qu'ils se proposent, quoique chacun ait besoin des principes généraux sur lesquels repose l'ensemble des phénomènes universels, pour parvenir à une connaissance parfaite des attributs particuliers qui les concernent plus spécialement.

La sensibilité a besoin d'action et de repos; elle est relative sous certains rapports à ces deux dispositions; elle vit et se conserve par cette alternative : la stabilité d'une même chose est contraire à cette propriété; le repos l'affaiblit, l'exercice trop long-temps continué ou immodéré en change la nature. L'immodération dans l'exercice use pour ainsi dire la sensibilité; celle qui est organique, et celle qui est animale sont soumises au même résultat. Il ne faut donc pas s'étonner si deux personnes exposées à de semblables influences, lors même que l'âge, le tempérament et les autres circonstances semblent offrir les mêmes dispositions, sont affectées différemment. Je ne dis pas que cette cause soit la seule qui décide de ces changemens, mais elle doit être comptée pour beaucoup parmi celles que nous avons déjà énoncées.

Il résulte de tout ce que nous avons dit, 1.° que les substances extérieures sont les causes premières des phénomènes de la sensibilité; 2.°

que les fluides sont différemment disposés à provoquer cette propriété, et les solides à l'éprouver, en raison de l'action de ces substances ; 3.° que la sensibilité est variable dans la proportion des changemens qu'ont déterminés les causes antécédentes, c'est-à-dire celles qui ont décidé de la vitalité et du développement des organes, et en raison de celles qui agissent présentement. Tous les phénomènes de la vie qui ont lieu pendant la santé et dans les maladies sont une conséquence de ces causes premières : tout ce qui a rapport à l'âge, au tempérament, aux habitudes, à la bonne conformation et aux troubles divers des fluides et des solides est soumis aux mêmes principes.

Nota. Le docteur Domenjon, médecin de Lyon, m'a communiqué quelques observations ayant rapport au second genre de la sensibilité non naturelle, qui m'ont paru assez intéressantes pour me faire regretter de ne pouvoir les insérer dans cet ouvrage ; mais l'occasion que j'aurai de les rapporter en les réunissant à quelques faits analogues, que je me propose de publier, dédommagera le public, qui applaudira, sans doute, aux lumineuses remarques de ce judicieux observateur, sur des faits qui méritent de fixer l'attention.

ESSAI

ESSAI PHYSIOLOGIQUE SUR LA SENSIBILITÉ.

CONSIDÉRATIONS GÉNÉRALES.

La sensibilité est une propriété essentielle à la vie, à laquelle elle appartient exclusivement. Attribut commun des végétaux et des animaux, elle se modifie dans les uns et les autres de telle manière, que depuis la plante qui se rapproche davantage des corps inertes jusqu'à l'homme, cette propriété varie sans cesse, et offre des états continuellement différens : cette différence se continue dans chaque individu, dans chaque organe, dans chaque système, et dans les diverses parties de ces mêmes corps. L'âge, le tempérament, le climat, la saison, la bonne ou mauvaise conformation, l'habitude, le régime, l'usage des substances avec lesquelles nous sommes en rapport, et sur-tout l'influence très-variable de l'atmosphère, sont autant de causes qui déterminent des changemens dans la sensibilité. Cette propriété résulte du commerce réciproque des fluides et des solides ; elle est relative aux divers états dont sont susceptibles les uns et les autres.

La sensibilité paroît naître dans quelques organes, tant elle y est foible ; elle augmente dans d'autres, et se manifeste avec vivacité dans quelques systèmes : latente, pour ainsi dire, dans certains tissus, cette propriété est évidente en d'autres ; elle n'intéresse point la vie intellectuelle en quelques circonstances, tandis qu'elle semble appartenir absolument à cette vie, lorsqu'elle provient de l'excitation de systèmes différens, ou déterminée dans d'autres cas.

La sensibilité, malgré ses changemens continuels, offre cependant des dispositions remarquables, à des distances plus ou moins rapprochées; il résulte de ces dispositions, des états particuliers exactement différens entr'eux ; ces états sont autant de signes caractéristiques de cette propriété ; ils en tracent les phases diverses. En comparant ces états, on a reconnu qu'on pouvoit les rapporter à deux dispositions principales; ces dispositions, loin d'être distinctes, se confondent à chacune de leurs extrémités, mais elles ont des signes absolument différens dans leur terme moyen. On a donné, d'après cette distinction, le nom de sensibilité *organique*, à la première phase de la sensibilité; on a nommé sensibilité *animale*, la seconde phase de cette propriété.

La sensibilité organique comprend tous les états de la sensibilité dans lesquels la vie animale, ou intellectuelle, ne participe point aux sensations ; cette propriété est, pour ainsi dire, étrangère aux fonctions du cerveau.

La sensibilité animale diffère essentiellement de la sensibilité organique ; son objet principal est la transmission au centre de la vie intellectuelle des diverses sensations, quel que soit leur siége. Cette propriété se présente sous deux rapports principaux ; dans un cas, elle est essentielle à la santé, et préside aux fonctions de la vie intellectuelle ; dans un autre cas, elle est accidentelle et contraire à l'ordre naturel ; elle est un signe, une cause, un état de maladie.

Il résulte de ce que nous venons de dire, que la sensibilité présente trois dispositions principales. Nous la nommerons *organique* tant qu'elle n'intéresse point les fonctions cérébrales ; nous appelerons sensibilité *animale naturelle*, celle qui préside aux fonctions des organes de la vie intellectuelle ; et *sensibilité animale accidentelle*, toute sensation animale qui n'est point naturelle, mais qui résulte de la lésion des parties sensibles, et de l'exaltation au-delà de ses limites de la sensibilité naturelle, soit organique, soit animale.

La sensibilité organique préside à la contractilité et à toutes les fonctions involontaires ; l'ensemble de ces fonctions est ce que nous appelons *vie organique ;* telles sont la circulation, la digestion, la nutrition, l'absorption, les sécrétions, l'exhalation, etc.

La sensibilité animale préside aux opérations de la vie intellectuelle, c'est-à-dire, aux fonctions volontaires, telles que la vue, l'ouïe, le goût, l'odorat, le chant, le mouvement des membres, etc. Mais telles sont les combinaisons perpétuelles de la nature, que certaines fonctions réunissent les pouvoirs des organes de l'une et de l'autre vie, et résultent d'opérations, en partie soumises à la volonté, et en partie indépendantes de cette faculté ; telles sont la respiration, l'évacuation des matières fécales, et de l'urine.

La sensibilité organique est l'attribut commun de tous les solides ; elle est foible dans les uns, modérée dans quelques autres, et très-forte pour divers systèmes.

La sensibilité animale naturelle existe en même temps que la sensibilité organique ; mais elle n'appartient qu'à certains organes, à certains systèmes ;

ces propriétés se coordonnent, leurs désordres sont soumis aux mêmes causes ; la vitalité plus ou moins grande des systèmes qui en sont l'objet, décide des changemens de ces deux propriétés.

La sensibilité accidentelle a plus de rapport encore que la sensibilité animale naturelle à la sensibilité organique ; elle est, pour ainsi dire, le résultat de l'exaltation de cette dernière propriété au-delà de son cours ordinaire. La sensibilité organique et la sensibilité accidentelle, sont subordonnées aux mêmes causes ; celles qui provoquent l'une de ces propriétés, ajoutent à l'intensité de l'autre. La sensibilité accidentelle est facile pour certains systèmes, pour certains appareils, pour certains organes ; elle est difficile à développer dans d'autres parties vivantes. Les mêmes moyens n'agissent pas également sur cette propriété ; chaque système l'éprouve différemment suivant la manière dont on l'excite, ou suivant l'état de maladie où il se trouve. Ainsi, par exemple, la section qui met en action la sensibilité accidentelle, lorsqu'elle comprend le derme, ne développe point cette propriété sur les tendons ; de même aussi le tiraillement, qui exalte vivement la douleur quand il a des parties tendineuses pour objet, est peu douloureux lorsqu'il est exercé sur la peau : on peut en dire autant des divers états de maladie dont sont susceptibles quelques appareils ; les os n'éprouvent aucune sensibilité animale pendant la santé, cependant divers états de maladie les rendent très-faciles à la douleur.

A quoi tient la sensibilité? Nous l'ignorons ; les nerfs semblent être ses conducteurs, mais ils ne sont pas indispensables à son exercice ; seulement il paroît que cette propriété a des rapports intimes avec les systèmes artériel et nerveux ; elle varie en raison des troubles qu'éprouvent ces systèmes. « Il y a des organes, dit Bichat, jouissant de la

» plus vive sensibilité sous le moindre contact, » et qui cependant reçoivent des nerfs très-peu » apparens ; telle est la membrane médullaire des » os longs. » *Anat. gén. Préface, pag.* 171.

Quoique nous ayions dit que la sensibilité est l'attribut de la vie, cependant nous ne considérons pas cette propriété comme essentielle à toutes les parties vivantes : les fluides vivent, et les solides seuls sont sensibles. Les uns et les autres sont indispensables à la sensibilité ; les fluides la provoquent, les solides l'éprouvent.

Le rôle que jouent nos humeurs sur la sensibilité, est tel que le sang la dispense, pour ainsi dire, et que les autres liqueurs naturelles la provoquent : cette propriété est relative aux changemens du sang ; ce fluide est indispensable à son exercice ; mais il n'est pas susceptible de la mettre en action quand il ne possède pas certaines conditions : ces conditions sont que le sang provienne des artères, et qu'il ait éprouvé dans les poumons l'influence de l'air atmosphérique : il est encore indispensable à la conservation de la sensibilité, que le sang ne perde pas les propriétés qu'il a acquises dans les poumons. Cette faculté est une propriété directe ; aussi chaque organe, chaque solide en jouit d'une manière différente, relativement à l'influence du sang qui circule dans les ramifications artérielles.

Les liqueurs naturelles, sécrétées, exhalées ou excrétées, ont sur la sensibilité une influence relative à leur nature, à leur quantité, et aux dispositions naturelles ou accidentelles des solides ; cette influence varie comme le sang, et comme les propriétés déjà existantes des solides. Pour concevoir cette faculté, il faut ne jamais perdre de vue l'action réciproque de toutes les parties vivantes. Les relations des fluides et des solides sont telles, que l'influence des derniers est proportionnée à l'excitation que produisent les premiers, et que les humeurs varient comme le jeu des solides, de l'élaboration desquels elles résultent. Ces fonctions combinées sont soumises au pouvoir des substances extérieures sur lesquelles agissent nos organes, soit sur le derme, soit sur les membranes muqueuses; de sorte que les fonctions vitales proviennent et sont proportionnées dans ces appareils aux opérations physiques et chimiques qui y sont exécutées : ces opérations se combinent avec les phénomènes de la vie; ces derniers se multiplient de plus en plus; ils augmentent à mesure que les premiers s'affoiblissent. Les fluides vivans conservent leur vitalité par leurs relations avec les substances extérieures; cette vitalité est proportionnée à l'action de ces substances : c'est ainsi, par exemple, que le sang acquiert, par le contact de l'air atmosphérique, la propriété de donner la sensibilité, tandis qu'il ne jouit point de cette propriété s'il n'éprouve cette influence. Le pouvoir le plus essentiel à la vie, est donc dû à une opération chimique; il consiste dans l'oxigénation du sang et dans sa coloration en rouge; plus cette couleur est vive, et plus la sensibilité est forte; elle est d'autant moindre, que le sang est plus noir; toutes les propriétés, toutes les fonctions se coordonnent à ces dispositions. « Cela revient à » mes expériences sur la vie et la mort, dit » Bichat, qui ont prouvé que le sang noir in- » terdit par-tout les fonctions, affoiblit, anéantit » même le mouvement des parties lorsqu'il y ar- » rive par les artères. » *Anat. gén. II.*[e] *vol., pag.* 503.

Deux causes essentielles enlèvent au sang le pouvoir qu'il tient de l'atmosphère; la première consiste dans les difficultés qu'éprouve l'air oxigéné à pénétrer dans les poumons; la deuxième a rapport à la stagnation du sang dans quelques parties organiques ; cette stagnation peut provenir de tous les moyens qui retiennent le sang dans les réseaux artériels et dans les capillaires. Dans le premier cas, le trouble est général ; dans le second, il est partiel.

Le rôle que joue le sang sur la sensibilité, tient à deux causes principales ; la première consiste dans la vitalité de ce fluide ; la deuxième, dans son oxigénation : la vitalité est relative à la quantité de fibrine, d'albumine et de partie colorante ; l'oxigénation est indiquée par la couleur plus ou moins rouge de ce fluide. Cette couleur est d'autant plus commune et d'autant plus vive, que la partie colorante abonde davantage ; elle est d'autant moindre, lors même que l'air atmosphérique pénètre facilement dans les poumons, que la partie colorante est, de même que l'albumine et la fibrine, plus rare. Les propriétés qui rendent le sang artériel excitant se coordonnent de telle manière que la vitalité de cette liqueur décide de l'oxigénation dont elle est susceptible, lorsque la respiration a lieu, et que quelles que soient les autres conditions du sang artériel, si celle-ci n'existe plus, la sensibilité n'est point provoquée.

Deux grandes fonctions de la vie organique se partagent les phénomènes qu'éprouve le sang ; la nutrition décide de la quantité d'albumine, de fibrine et de partie colorante, tandis que la respiration décide de l'oxigénation de cette liqueur, de sa couleur rouge, et par conséquent de son pouvoir sur la sensibilité. Tous les phénomènes qui concourent à nous éclairer sur les propriétés vitales du sang, soit pendant la vie, soit après la saignée, soit sur les animaux vivans soumis à nos expériences, s'unissent aux faits remarqués après la mort dans les diverses maladies, pour démontrer les mêmes résultats. Dans l'inflammation, où il y a exaltation de la sensibilité organique et animale, le sang est abondant, très-chargé de fibrine et d'albumine; dans la fièvre adynamique putride, qui résulte de la terminaison gangreneuse de la diathèse inflammatoire de la muqueuse intestinale, ainsi que dans toute partie affectée de gangrène et par conséquent dans les cas où les propriétés vitales des solides sont plus ou moins détruites, la fibrine et l'albumine sont rares; elles offrent alors sur les cadavres des caillots infiltrés; la partie colorante semble dissoute par la sérosité. La couleur du sang est peu rouge ou noirâtre dans l'adynamie simple, c'est-à-dire, dans celle qui résulte de l'affoiblissement plus ou moins lent des propriétés vitales; la fibrine, l'albumine, la partie colorante sont rares, la sérosité est fort abondante, mais le sang est rouge. Dans le premier cas, c'est-à-dire, dans la diathèse gangreneuse, le sang est plus ou moins noir, et généralement dissous; cette altération est d'autant plus considérable, que la gangrène est plus étendue. Dans le second cas, le sang est seulement dépourvu de vitalité; la fibrine et l'albumine y sont rares, mais le sang est rouge. Il est donc bien nécessaire d'examiner dans tous les temps de la vie, les dispositions du sang, soit celles qui sont générales, soit celles qui sont partielles, lorsqu'on veut distinguer le rôle de ce fluide sur la sensibilité.

Le sang ne présente, pendant aucune maladie, des dispositions absolument semblables dans les diverses extrémités du système sanguin, ni même dans les diverses parties appartenant soit au système veineux, soit au système artériel. Dans le scorbut, par exemple, le sang séjourne dans les veines et dans les petits vaisseaux du derme; il y perd ses propriétés vitales, tandis que dans les organes internes, et sur-tout dans les muqueux, cette liqueur conserve plus de vitalité, offre une couleur plus rouge, est plus abondante, et circule avec activité. Souvent, pendant cette maladie, sur-tout à sa première époque, le sang abonde tellement dans les organes muqueux, il y conserve tant de vitalité, que ces viscères sont dans un état inflammatoire, pendant que l'adynamie du derme est plus ou moins considérable et fait des progrès. A mesure que la sensibilité de la peau diminue, le sang qui parcourt cet organe, y ralentit son cours et y perd ses propriétés vitales, cet état d'adynamie augmente ensuite, par cela même que la sensibilité n'est point entretenue par le sang. Ainsi se coordonnent les propriétés et les troubles des solides et des fluides; les uns et les autres tendent à s'exciter, ou à s'affoiblir continuellement. C'est dans l'action des substances extérieures avec lesquelles nous communiquons, soit sur la peau, soit sur les membranes muqueuses, que s'exercent les causes qui changent ces dispositions, qui sont encore soumises au mouvement des muscles volontaires, et aux opérations de la vie animale; l'action de ces substances est relative à leur nature et aux propriétés des organes sur lesquels elles agissent; leur effet n'est pas le même sur les membranes muqueuses que sur la peau; il varie en raison des organes qui les éprouvent directement. Les relations de ces appareils sont telles, que les membranes muqueuses sont presque toujours affectées différemment que le derme, dans les maladies. Les premières sont fréquemment exposées à l'exaltation de leurs propriétés organiques; la peau, au contraire, est particulièrement sujette à un état d'adynamie; cette affection se communique ordinairement aux organes internes par le tissu cellulaire et par les membranes séreuses, ainsi qu'on le remarque pendant les maladies chroniques, lesquelles sont fréquemment compliquées d'infiltrations sous-cutanées et d'hydropisies.

Les fluides contiennent les élémens de la sensibilité, et les solides sont l'objet de cette propriété, qui résulte du commerce réciproque de toutes les parties vivantes : elle germe, pour ainsi dire, dans le sang. « Le sang, dit Bichat, » possède, pour ainsi dire, les élémens de » la sensibilité. » *Anat. gén. Préface, pag.* 71. Il en est le provocateur, en même temps qu'il est le dispensateur des substances en qui doit résider cette propriété, puisqu'il est le véhicule général des principes nutritifs, et que ceux-ci se combinent sans cesse avec les solides auxquels appartient la sensibilité. La fibrine est sensible dès qu'elle devient partie intégrante des solides, mais elle ne l'est qu'à cette époque; avant que d'y être parvenue, elle se prépare à acquérir ce nouveau pouvoir.

La nature ne marche pas par secousses; elle unit lentement toutes ses opérations physiques, chimiques et vitales. Les fluides résultent des fonctions des solides; ceux-ci proviennent des combinaisons des premiers; les uns et les autres sont soumis à l'influence des substances extérieures, aux dépens desquelles ils sont formés et entretenus.

Le même principe préside à tous les phénomènes naturels; c'est l'action perpétuelle de toutes les substances. Cette action est alternativement soumise aux lois physiques et aux lois vitales; les premières ne s'éteignent jamais, les secondes ne règnent que par intervalle. Toute excitation des solides est une cause de changement, non-seulement dans la nature, mais encore dans le cours des fluides; tout désordre de ces derniers est un principe de trouble pour l'action des premiers. « Tant que les fluides sont dans leur état naturel, » dit Bichat, ils déterminent une excitation na- » turelle; mais qu'ils changent de nature par une

» cause quelconque, que des principes étrangers » s'y introduisent, à l'instant ils deviennent des » excitans contre nature, ils déterminent des réac- » tions irrégulières, les fonctions sont troublées, » les maladies surviennent. » *Anat. gén. Préface*, *pag.* 63. Les désordres principaux qu'éprouvent les fluides, sont ceux qui ont lieu sur la peau et sur les membranes muqueuses: ces désordres affectent d'abord l'espèce d'atmosphère qui recouvre ces appareils; ils ont lieu hors de nous, pour ainsi dire, avant que de comprendre nos parties intégrantes, fluides ou solides. Les absorbans sont de tous les systèmes, celui qui en est le premier affecté; les propriétés de ces vaisseaux sont troublées suivant la nature des matières avec lesquelles ils se trouvent en rapport; tout le système capillaire et les extrémités des nerfs sont bientôt lésés par les mêmes causes : le trouble augmente en se communiquant des extrémités aux centres des deux systèmes les plus importans de la vie organique, c'est-à-dire, à l'artériel et au nerveux organique. C'est dans les extrémités de ces systèmes que s'opèrent leurs fonctions les plus importantes, et qu'ont lieu leurs troubles les plus fréquens et les plus intenses. Le cœur, le cerveau et les ganglions, qui sont les centres des systèmes généraux, sont rarement affectés directement, tandis qu'ils le sont fréquemment par sympathie; il s'agit de leurs fonctions dans le grand nombre des maladies qui les comprennent, et non de leur substance ni de leurs propriétés vitales.

Pour prendre une idée juste des rapports sympathiques qui ont lieu entre les fluides, les solides et toutes les parties vivantes, il faut les examiner dans le développement des germes. A cette époque naissent, pour ainsi dire, les propriétés vitales; chaque système est créé avec le fluide qui lui appartient; la sensibilité des solides, les propriétés des fluides se développent en même temps ; les premiers provoquent, comme les seconds ont besoin d'être provoqués, le même destin règle la vitalité des uns et l'action des autres, les dispositions ultérieures de la vie se décident à cette époque ; c'est alors que se prononcent les tempéramens par la vitalité de chaque organe. Tantôt les viscères pectoraux se développent avec plus de vigueur, tantôt ceux de l'abdomen l'emportent par leur vitalité ; delà résultent, dans le premier cas, le tempérament sanguin, et dans le second, les tempéramens bilieux et nerveux ; si tous les viscères se forment avec vigueur, le tempérament est mixte : le phlegmatique résulte de la foiblesse générale. Les changemens infiniment multipliés dont sont susceptibles les tempéramens, sont subordonnés à ces dispositions. Quelle que soit la vitalité des organes, lorsqu'elle est cependant assez forte pour suffire aux besoins de leurs fonctions, la santé a lieu ; mais la santé est relative, elle est forte en quelques cas et foible en d'autres ; elle se soutient tant que l'harmonie établie à ce premier âge se conserve ; l'état de maladie commence à l'époque où cette harmonie est détruite, quelle qu'en soit la cause.

Toutes les propriétés vitales augmentent en même temps, mais inégalement ; certains organes se développent les premiers, parce que leurs propriétés sont plus considérables. Les propriétés organiques sont presque les seules dont soit susceptible le fœtus ; il s'agit, à cette époque de la vie, du développement des organes et non des fonctions auxquelles sont destinées les espèces vivantes. Les viscères de la digestion grossissent, pour ainsi dire, sans acquérir les facultés dont ils sont susceptibles ; les membres se développent, mais la peau jouit de peu de vitalité ; les organes des sens n'en ont pas davantage. Pourquoi la nature emploieroit-elle en faveur de ces parties, ses moyens vivificateurs? Le temps n'est point encore venu où ces organes doivent s'exercer. Les muscles organiques, les muscles volontaires, se préparent à commencer les premiers rôles de la vie ; ils s'y livrent chaque jour davantage, et leur action favorise leur accroissement. L'enfant ne peut éprouver, dans le sein de la matrice, qu'un petit nombre de maladies ; il n'est point encore exposé aux causes qui en sont la source féconde ; savoir, 1.° l'excitation de la peau et des membranes muqueuses par les corps extérieurs ; 2.° l'exercice de la sensibilité animale. L'immodération de ces causes est le principe de presque toutes les maladies qui ont lieu après la naissance.

La sensibilité organique étant parvenue à certain période, la sensibilité animale commence à se développer : elle n'est pas produite subitement, mais elle s'accroît avec la vitalité des organes qui en sont susceptibles. D'abord obscure, ensuite plus manifeste, elle se prépare à parcourir des états différens. La naissance est l'époque où cette propriété subit de grands changemens ; ces changemens sont dus à l'influence de l'air atmosphérique sur la peau et sur une grande partie des membranes muqueuses: une grande révolution s'opère alors dans toutes les propriétés et dans toutes les fonctions ; de nouveaux principes se combinent avec nos humeurs ; de nouvelles substances excitent tous les systèmes ; quelques appareils éprouvent leur action directe ; toutes les parties vivantes sont frappées de leur influence, qui va en augmentant ; le sang change de couleur ; l'excitation qu'il détermine est très-différente de celle qu'il produisoit avant la naissance ; la sensibilité organique est accrue dans tous les systèmes ; toutes les fonctions vitales prennent un essor plus ou moins vif ; la contractilité insensible et la contractilité organique sensible sont plus actives ; les secrétions, les excrétions, l'absorption, l'exhalation, les contractions musculaires des organes des deux vies sont plus ou moins fortes : chaque partie vivante a besoin de nutrition ; ce besoin est transmis aux organes de la digestion, qui le font sentir aux muscles, qui, les premiers, sont destinés à cette fonction, c'est-à-dire à ceux de la bouche. Les lèvres se meuvent, la salive coule, toutes les liqueurs glanduleuses fluent en plus grande quantité, et leur action sur la sensibilité organique augmente le mouvement des fibres charnues des organes digestifs : ce mouvement prépare la digestion, à laquelle il concourt ensuite.

Les causes d'excitation se multiplient à mesure que la sensibilité s'accroît ; les fonctions organiques deviennent plus actives, à mesure que la nutrition fait des progrès, et dans la proportion de l'étendue des solides, c'est-à dire suivant l'accroissement et l'augmentation des besoins de chaque partie vivante. Ces progrès sont continuels et toutes les dispositions existantes s'accroissent en même temps : c'est dans cette harmonie que consiste la santé. La vitalité des fluides devient plus considérable, et la sensibilité des solides plus forte à mesure que l'enfant avance en âge ; cette dernière propriété se coordonne sur-tout au développement et à la vitalité des organes muqueux.

Les systèmes artériel et nerveux sont ceux dont les changemens nous frappent davantage, soit pendant le développement des organes, soit pendant le cours des maladies. Le système des ganglions joue sur-tout un rôle important dans ces circonstances diverses ; uni, avec le système artériel qui l'accompagne par-tout, il en partage dans tous les temps les fonctions et les désordres. Le sang artériel décide, suivant sa nature et ses propriétés, de la sensibilité et des fonctions du système des ganglions. Celui-ci préside à toutes les fonctions de la vie organique, et principalement à la circulation : sa sensibilité est relative surtout à celle des organes de la digestion, dans la structure desquels il entre pour beaucoup.

De la Sensibilité et de la Contractilité organiques.

La sensibilité organique a pour objet principal la contractilité involontaire : ces deux propriétés sont inséparables ; la première donne lieu à la seconde ; celle-ci est relative à la sensibilité, dont elle est une conséquence. Toutes les fonctions de la vie organique sont soumises à la contractilité involontaire. Cette propriété se manifeste avec des dispositions bien différentes ; elle est insensible dans son premier état, elle augmente ensuite continuellement ; enfin elle s'exerce d'une manière très-sensible. Ces dispositions de la contractilité organique se partagent entre les divers systèmes ; les uns possèdent la contractilité insensible ; d'autres jouissent d'une contractilité qui commence à se faire remarquer ; certains ont pour partage une contractilité très-sensible. Ces divers états se confondent entr'eux d'une manière imperceptible : cependant les deux dispositions générales auxquelles se rapportent toutes les nuances de la contractilité organique, l'ont fait diviser en contractilité insensible, et en contractilité sensible. La contractilité insensible préside aux fonctions partielles, telles que la circulation des capillaires, l'absorption, les secrétions, la nutrition, etc. La contractilité sensible donne lieu aux fonctions plus ou moins étendues de la même vie, telles que la digestion, les évacuations et la circulation artérielle.

La contractilité qui est insensible pendant la santé, devient quelquefois sensible pendant les maladies. C'est ainsi, par exemple, que celle des artères qui est peu considérable dans l'ordre naturel, augmente au point de resserrer d'une manière non équivoque le tube artériel pendant certaines affections, qu'on nomme nerveuses. Divers autres tissus qui ne jouissent point naturellement de la contractilité sensible, en sont l'objet pendant certains états pathologiques ou accidentels. Les vésicules séminales, celles de la bile paroissent de ce nombre : cette dernière sur-tout semble exposée à des contractions spasmodiques très-fortes ; on la trouve vide et très-étroite à certaines époques des fièvres ataxiques, et très-dilatée à d'autres temps de la même maladie, ou dans d'autres affections. Les effusions immodérées de la bile déterminées par cette contractilité, jouent vraisemblablement un grand rôle dans les nevroses, et dans l'ataxie. On est étonné de trouver sur les cadavres des personnes mortes de ces maladies, des quantités plus ou moins considérables de matières bilieuses en un seul point des intestins grêles, tandis que d'autres portions de ces viscères en contiennent peu, et d'autres, point. Ce n'est pas seulement par la provocation de l'ouverture du conduit cholédoque, que le flux de cette liqueur est déterminé, il semble résulter souvent de causes éloignées, agissant sympathiquement sur la vésicule. La contractilité insensible augmente encore d'une manière évidente pour les papilles de la langue, pour celles de la peau même, qui fait, dit-on, en quelques cas, *la chair de poule*. Cette contractilité se développe sur-tout aux mamelons, au clitoris et au gland.

La contractilité insensible se confond donc de bien des manières avec la contractilité organique sensible

sensible : soit pendant la santé, soit dans l'état de maladie. L'iris se contracte indépendamment de la volonté et d'une manière très-sensible ; cependant cette contractilité n'a point de fibres charnues pour objet, d'où nous devons conclure que cette propriété parcourt ses divers états, en s'exerçant sur des tissus infiniment différens ; que la contractilité insensible et celle qui est sensible, n'appartiennent exclusivement à aucun tissu, mais qu'elles s'exercent différemment pour chaque système, en raison des divers états de sensibilité où il se trouve.

Il en est de la contractilité comme de toutes les propriétés naturelles qui se manifestent sous des rapports différens, mais non interrompus. La contractilité organique sensible est foible pour quelques tissus, elle est plus forte, lorsqu'elle est le partage des fibres charnues ; c'est comme propriété de ce système, qu'elle préside et donne lieu aux fonctions plus ou moins étendues de la vie organique. Le cœur, l'estomac, les intestins, la vessie et la matrice sont soumis à la contractilité sensible ; les uns déterminent une circulation éloignée, d'autres provoquent en eux-mêmes le déplacement des matières qu'ils contiennent. La contractilité involontaire se confond avec la contractilité volontaire dans quelques muscles et dans certains cas de pathologie. Les fonctions de la vie organique se combinent par ce moyen avec celles de la vie animale.

La sensibilité organique tient à des dispositions essentielles des solides, lesquelles nous sont inconnues : chaque tissu en jouit à sa manière dans l'état naturel. Cette propriété change dans l'état pathologique ; elle est d'autant plus forte, que le sang, sous l'influence duquel sont les solides, a plus de vitalité et plus de rougeur ; elle est d'autant moindre, que ces dispositions sont plus foibles. L'étendue des petits vaisseaux que parcourt cette liqueur, la quantité de sang qu'ils contiennent, décident sur-tout de l'intensité de la sensibilité volontaire. Cette propriété est presque nulle dans les os pendant la santé ; elle s'y éveille et augmente plus ou moins dans quelques cas de maladie : ses progrès sont relatifs sur-tout à l'exaltation du système à sang rouge, et aux lésions de ce système.

Le mouvement des fluides est toujours proportionné à la sensibilité et à la contractilité organiques ; de sorte que la circulation est active, quand ces propriétés sont fortes, qu'elle est lente, lorsque la contractilité est débile.

Deux espèces de causes mettent en jeu la sensibilité et la contractilité organiques. La contractilité insensible est principalement dépendante de causes directes ; la contractilité sensible est fréquemment l'effet de causes sympathiques. Ces deux propriétés se provoquent mutuellement, et de telle manière que l'excitation de la contractilité insensible portée à certain degré, devient cause sympathique de la contractilité sensible, quelles que soient les parties sur lesquelles l'excitation a lieu. C'est ainsi, par exemple, que l'irritation du pied ou de la main, lorsqu'elle est vive ou long-temps soutenue, trouble les mouvemens du cœur, ceux de l'estomac, des intestins, et ceux de tous les organes charnus de la vie organique. La même chose a lieu, lorsqu'après avoir mis à découvert quelques nerfs sur des animaux vivans, on les irrite. « C'est une chose extrêmement » remarquable, dit Bichat, que la promptitude » avec laquelle la douleur trouble le mouve- » ment du cœur, l'accélère, le rend irrégulier. » *Anat. génér.*, *vol.* 2, *p.* 242.

Après le cœur, les intestins et l'estomac sont les organes qui éprouvent les plus vives contractions pendant l'action des causes irritantes. A quoi devons-nous attribuer ces phénomènes sympathiques, si ce n'est au sytème des ganglions ? C'est dans les organes, où ce système est plus généralement répandu, dans ceux aux fonctions desquels il préside, que se manifestent les phénomènes les plus frappans, les troubles les plus considérables que causent les vives excitations de la sensibilité organique, et de la contractilité insensible, quel que soit le siège de l'irritation.

Un petit nombre de principes établis par la nature, règlent par-tout d'immenses résultats : ceux-ci s'enchaînent de telle manière, que chacun d'eux est presque en même temps effet et cause.

Le génie divin posa ces sublimes fondemens, sur lesquels reposent les lois physiques et vitales ; il anima la matière de telle manière que, soumise à ces lois, elle peut suffire à l'exécution de ses décrets ; l'élasticité physique acquiert des dispositions particulières dans les tissus organiques. Ces dispositions qui se conservent encore après la mort, offrent à la contractilité, qui est une propriété vitale, les moyens de s'exercer avec plus ou moins de force. Chaque tissu a reçu de la nature des dispositions qui règlent le mouvement qu'il peut éprouver comme partie vivante ; il a reçu sans doute aussi un attribut particulier qui décide de sa sensibilité.

Dans l'état naturel les petits vaisseaux jouissent d'une sensibilité et d'une contractilité d'autant plus fortes, que leurs propriétés vitales sont plus vives ; cette contractilité se communique aux artères ; et peut-être le cœur est-il sympathiquement provoqué par ces vaisseaux, lorsque le trouble est porté jusqu'à cet organe, qui paroît bien plus soumis encore à l'influence qu'exerce l'excitation sur la sensibilité organique et sur le système des ganglions, qu'à celle des artères. Les rapports de ce système, son action sur lui-même sont tels, que chacune de ses parties est en relation avec toutes, et que l'excitation de l'une est transmise aux autres par le pouvoir sympathique qui préside aux fonctions communes; de telle manière que les excitations tendent toujours à se porter et vers le centre et vers toutes les extrémités du système organique, lorsque l'une d'elles est affectée; d'où il résulte que les organes dans lesquels les nerfs des ganglions sont très-multipliés, sont aussi ceux que les excitations sympathiques troublent davantage. C'est en effet ce qui a lieu, lorsqu'on irrite quelque partie du corps, le cœur et les intestins, organes où les nerfs des ganglions sont très-abondans, sont ceux dont les fonctions sont le plutôt et le plus vivement troublées. Nous ignorons ce qui se passe au-dedans des ganglions pendant ces excitations, rien ne peut nous l'indiquer, aucun trouble n'est remarquable dans leur substance. Il en est de leurs fonctions et de leurs désordres, comme des fonctions et des désordres du cerveau; un voile épais en couvre les mystères.

La contractilité insensible et la contractilité organique sensible, se combinent de telle manière, que la dernière est mise en action lorsque la première est exaltée à certain degré, et que la contractilité sensible est la source, pour ainsi dire, de la contractilité insensible. Aussi la diathèse inflammatoire est-elle une cause de trouble pour les mouvemens du cœur, et l'excitation de cet organe est-elle un principe d'inflammation pour les organes éloignés; mais la phlogose ne peut avoir lieu dans le second cas que lorsqu'une partie organique trouve dans un état particulier d'irritabilité; elle ne peut être que partielle et non générale, puisque l'inflammation suppose une quantité plus ou moins considérable de sang, une quantité excédante à celle qui est naturelle, à l'organe phlogosé, et qu'il ne suffit pas d'exciter les mouvemens du cœur, pour produire une augmentation dans la quantité du sang équivalente à celle qui est nécessaire à l'inflammation générale : seulement, en ce cas, s'il survient une inflammation, soit idiopathique, soit sympathique, elle est une suite de la pléthore générale, et elle est relative à la quantité de sang qui existe dans tout le système artériel. Deux choses sont nécessaires au développement des inflammations, l'excitation et l'affluence du sang; la première peut comprendre beaucoup de parties, mais le sang ne peut pas en même temps devenir abondant dans une grande étendue de vaisseaux, et sur-tout lorsque la quantité contenue dans tout le système sanguin est modérée. Aussi voyons-nous que les inflammations ne sont fréquentes et intenses que dans l'état de pléthore.

La sensibilité et la contractilité organiques sont sur-tout relatives à l'étendue des petits vaisseaux que parcourt le sang artériel; d'où il résulte que ces propriétés sont considérables dans les parties affectées de phlogose, soit aiguë, soit catarrhale, et qu'elles sont d'autant plus foibles, que des dispositions contraires ont lieu. Il en est de même de la continuité de la diathèse inflammatoire; la surabondance du sang suffit pour entretenir la sensibilité et la contractilité organiques à des degrés plus ou moins élevés : ces troubles tiennent aux rapports sympathiques qui ont lieu entre le sang artériel et les propriétés vitales, au pouvoir des premières sur le cours de cette liqueur, et à l'influence du sang sur la contractilité organique, laquelle demeure intense tant que le sang abonde dans l'organe phlogosé.

Nous devons encore attribuer aux relations sympathiques des diverses extrémités du système des ganglions, une partie des inflammations qui surviennent soit dans les organes qui jouissent de beaucoup de vitalité, soit dans ceux qui sont habituellement dans un état catarral; ces inflammations sont dues à l'influence sympathique de la sensibilité, de la contractilité organiques, et à la transmission à tous les nerfs des ganglions, des excitations qu'éprouvent quelques-uns de ces nerfs. C'est, comme nous l'avons déjà dit, dans les organes où les propriétés vitales sont plus fortes, que se font plus vivement sentir les exaltations de la sensibilité de la contractilité organiques, lors même que ces propriétés ont été provoquées dans des parties éloignées. Les phlegmasies pectorales, qui sont fréquentes chez les personnes d'un tempérament sanguin; les maladies nerveuses et ataxiques, qui sont communes aux tempéramens bilieux et nerveux, sont les conséquences d'un même principe; elles tiennent à l'exaltation des propriétés organiques des organes pectoraux, dans le premier cas, et à celle des mêmes propriétés pour quelques organes abdominaux, dans le second: les signes divers de ces maladies résultent de la différence des propriétés des nerfs de ces régions; leurs causes sont les mêmes, leurs conséquences tiennent aux mêmes principes. C'est toujours dans les organes qui jouissent de plus de vitalité, que se font vivement sentir les excitations éloignées.

La contractilité organique sensible n'est pas seulement dépendante de causes sympathiques, elle résulte encore des excitations directes ou locales des organes soumis à cette propriété; l'irritation des tuniques muqueuse et péritonéale des intestins en fournit la preuve dans la contractilité de ces viscères, qui se manifeste aussi-tôt qu'on les irrite sur les animaux vivans; cette contraction est, dans l'état naturel, modérée et produite par les matières que contiennent ces organes ; son immodération est un des symptômes les plus remarquables des névroses, maladies dont le siége est fréquemment, et peut-être toujours, dans le système des ganglions, et sur-tout dans les intestins.

Tous les phénomènes de la sensibilité et de la contractilité organiques, appartiennent exclusivement au système organique ; ces propriétés sont indépendantes des fonctions du cerveau : une des preuves qu'on peut en donner, c'est leur continuel exercice, quoique toutes les fonctions cérébrales soient éteintes. Coupez la tête à un animal, irritez ensuite les organes charnus de la vie organique, et vous les voyez aussi-tôt se contracter comme avant la mort ; cette contraction tient à un principe de vie dont l'essence nous est inconnue ; ce principe s'affoiblit et s'éteint quand les propriétés, et les fonctions animales n'ont plus lieu ; il se conserve d'autant plus long-temps après cette époque, que la constitution est plus forte, que le sang est plus riche en fibrine et en partie colorante. « Jamais, dit Bichat, le cerveau n'exerce » aucune influence sur les muscles involontaires ; » quelle que soit l'irritation qu'on fasse éprouver » aux nerfs qui s'y rendent, ils restent intacts. » *Anat. gén. I.er vol.*, *pag.* 192.

Les contractions irrégulières, fréquentes ou spasmodiques des organes charnus de la vie organique dépendent donc toujours des lésions du système des ganglions, quelles que soient leurs causes éloignées. C'est dans les organes où ce système se distribue en abondance, qu'ont lieu les altérations organiques les plus fréquentes qui entretiennent ces contractions. La constipation, les déjections liquides et spasmodiques des intestins, les vomissemens même et les désordres de la circulation artérielle, résultent toujours des excitations du système nerveux organique, ainsi que nous le démontrerons à l'avenir. Les fonctions de ce système sont telles, que nous semblons devoir lui attribuer la suspension des mouvemens du cœur dans l'asphyxie ; cette suspension provient plutôt du défaut de l'influence du sang rouge sur le système organique, que sur le système cérébral. En effet, si le cœur est sous l'influence des nerfs des ganglions, comme les fonctions de cet organe le démontrent, la suspension de ces fonctions doit, dans tous les cas, provenir de la lésion de ces nerfs. Toutes les expériences faites sur les animaux vivans, tous les phénomènes de la vie, tous les faits remarqués sur les cadavres, démontrent encore que la sensibilité et la contractilité organiques sont sous l'influence indispensable du sang rouge, et se coordonnent aux dispositions que présente ce fluide dans les organes soumis à ces propriétés.

La sensibilité organique se confond avec la sensibilité animale lorsqu'elle est exaltée à certain degré, ou lorsqu'elle appartient à certains systèmes auxquels ces deux propriétés sont communes ; les phénomènes dépendans de la première ne sont aussi peu connus, que parce qu'on a négligé les expériences qui, sur les animaux vivans ou sur les cadavres, pouvoient indiquer les résultats qui lui appartiennent. Un grand nombre de maladies proviennent de l'exaltation de la sensibilité organique ; elles consistent dans le développement des facultés des nerfs des ganglions, et ont leur siége dans les organes où ces nerfs abondent ; ceux de la digestion, et sur-tout les intestins où ces nerfs sont presque les seuls, sont, la plupart du temps, les parties où se développent les désordres qui se manifestent dans les diverses fonctions dont les troubles sont symptomatiques; ces viscères sont de sombres cavernes d'où partent les volcans qui jettent la confusion et l'incendie dans toute l'économie. Les matières bilieuses sont le principe le plus fécond de ces maladies ; elles sont la source abondante des causes successives qui se développent dans ces viscères, et qui donnent lieu à beaucoup de fièvres et de névroses. Ce n'est pas dans les ganglions que résident les désordres qui causent ces maladies, mais bien dans les organes où abondent leurs nerfs. « L'ignorance où nous sommes » sur les maladies qui ont leur siége dans les gan- » glions, dit Bichat, l'éloignement de ces or- » ganes, des excitations extérieures, font que » nous ne pouvons avoir aucune donnée sur leurs » sympathies. Je crois très-probable, cependant, » que ces sympathies jouent un rôle réel dans » les hystéries, dans certaines espèces d'épi- » lepsie, etc., dans cette foule d'affections ner- » veuses que le vulgaire confond sous le nom de » vapeurs. » *Anat. gén. I.er vol., pag.* 227.

Les ganglions sont, ainsi que le cerveau, éloignés des substances extérieures ; ils ne sont sous l'influence directe d'aucune liqueur excrétée, et c'est précisément dans les organes où ces substances abondent que se développent les causes les plus fréquentes des maladies qui troublent l'une et l'autre vie. Ces corps nerveux, le cœur et le cerveau, qui sont les centres des trois grands systèmes sur lesquels roulent toutes les fonctions de la sensibilité, ne sont affectés, dans beaucoup de maladies, que sympathiquement. C'est dans les extrémités des branches qui en partent, que se développent les causes de leurs désordres.

Les nerfs des ganglions semblent encore, dans certaines maladies, jouer le rôle principal des mouvemens qu'exécutent les muscles volontaires. Les organes où ces nerfs abondent, et où ils sont exposés à de fréquentes irritations, tels que les intestins, paroissent être le siége des altérations qui donnent souvent lieu à ces maladies ; c'est dans ces viscères qu'on trouve leurs causes les plus ordinaires : diverses ouvertures de cadavres faites sur des personnes mortes de la danse de saint Guy, de convulsions et d'épilepsie, m'ont appris que la muqueuse intestinale est le plus communément le siége des lésions d'où résultent les désordres de la contractilité volontaire. Pourquoi tant de maladies différentes ont-elles les mêmes causes ? pourquoi les mêmes organes sont-ils l'objet des lésions organiques qui entretiennent ces maladies ? cela tient-il aux dispositions particulières des organes dont les fonctions sont lésées ? au cerveau ? ou bien aux nerfs qui en émanent ? Si on observe avec soin la langue et les fonctions de la digestion pendant ces maladies, si on examine de même les organes muqueux sur les personnes mortes dans l'ataxie et pendant les convulsions, on acquiert la conviction du rôle que jouent les organes de la digestion sur ces affections. « Un des objets les » plus importans dans les névroses, dit Bichat, » c'est de déterminer celles qui ont leur siége spé- » cial dans le système nerveux cérébral, et celles » qui affectent plus particulièrement le système » des ganglions. » *Anat. gén. I.er vol.*, *pag.* 228. « Il y a des différences tranchantes entre » les nerfs cérébraux et ceux des ganglions, dif- » férences sur lesquelles je ne puis présenter que » des approximations, puisque nous n'avons aucune » donnée sur les fonctions des derniers. » *Anat. gén. I.er vol.*, *pag.* 230.

Bichat eût bientôt acquis des connoissances certaines sur le système nerveux organique, s'il eût eu le temps de faire les recherches nécessaires à cette partie importante de la physiologie ; ses observations ont tracé la route que nous devons suivre dans ce travail : des faits chaque jour multipliés promettent à la médecine d'heureux résultats pour l'exactitude de la science et pour la guérison des maladies internes, telles les fièvres et les névroses, lesquelles semblent provenir essentiellement de l'exaltation des propriétés des organes abdominaux, et tenir au système nerveux organique.

Les désordres de la sensibilité organique diffèrent pour chaque organe ; ils sont relatifs aux fonctions et à la situation des diverses parties du corps. Les organes internes sont particulièrement sujets à l'exaltation des propriétés vitales ; le derme est fréquemment affecté d'adynamie ou d'affoiblissement de ces propriétés. Ces affections sont spécialement subordonnées aux influences de l'atmosphère ; elles sont relatives au climat et à la saison. Dans les climats méridionaux, pendant l'été et dans les temps humides, les propriétés de l'appareil glandulo-muqueux sont fréquemment exaltées, mais les maladies qui résultent de ces causes varient à l'infini ; de ce nombre sont les fièvres bilieuses, ataxiques, muqueuses, catarrales et adynamiques putrides. Pendant l'hiver, et dans les climats froids, la peau, exposée à de fréquentes irritations, est plus sujette à la diathèse inflammatoire que les organes internes, et les maladies ont pour type commun le caractère de la fièvre angiotenique.

Les maladies les plus ordinaires de la peau dans les climats méridionaux pendant l'été, dans les lieux et les saisons humides, consistent dans l'affoiblissement des propriétés organiques des capillaires cutanés. Ce trouble devient une source de désordres tout-à-fait contraires pour les organes internes ; il en détermine la phlogose, en provoquant le reflux du sang dans les régions profondes. Les rapports qui ont lieu entre ce fluide, la sensibilité et la contractilité organiques sont tels, qu'il devient rare dans les vaisseaux où ces propriétés sont foibles, et qu'il abonde dans ceux où les mêmes propriétés sont fortes : celles-ci se coordonnent dans tous les temps à la nature et à la quantité de cette liqueur, de telle manière que, lorsque les propriétés vitales sont altérées, le sang et sa circulation sont bientôt troublés, et que les désordres du système à sang rouge sont autant de causes de lésions des propriétés organiques. Le reflux du sang dans les organes internes augmente leur sensibilité et leur contractilité ; il provoque l'excrétion, et détermine des changemens dans les liqueurs muqueuses : l'abdomen est la région où le sang reflue en plus grande quantité ; 1.° parce que la chaleur favorise, et l'abord des fluides, et la dilatation des vaisseaux ; 2.° parce que le sang y est provoqué continuellement par l'excitation qui provient des substances avalées, des excrétions muqueuses, et des vers qui se développent dans les intestins ; 3.° par le mode particulier de circulation de la veine porte, qui retient beaucoup de sang.

Ce qui semble plus étonnant dans les maladies que causent le trouble des fonctions de la peau, l'affoiblissement de cet organe, et le reflux du sang dans les viscères intérieurs, c'est la diversité des symptômes de ces maladies. Ces changemens dépendent de l'intensité des troubles cutanés, de la vitalité de la peau et des organes intérieurs, de l'abondance et de la nature du sang contenu dans tout le système sanguin à l'invasion de la maladie. Le climat et la saison n'influent pas moins sur ces changemens que les causes antécédentes ; les symptômes sont d'autant plus violens, que les propriétés des organes intérieurs sont plus exaltées : cette exaltation est en rapport avec la nature et la quantité de sang que reçoivent les organes internes, avec la force ou la foiblesse, et avec l'état particulier d'excitation de ces organes. C'est ainsi, par exemple, que dans les lieux humides et dans les tempéramens débiles, les maladies catarrales sont fréquentes, et dépendent du trouble des fonctions de la peau; tandis que les mêmes causes agissant dans les contrées méridionales sur le même organe, dans l'exposition subite à un air froid et humide, donnent lieu à des fièvres bilieuses et ataxiques : l'exaltation des propriétés organiques est foible dans le premier cas, et considérable dans le second.

Les désordres de la sensibilité et de la contractilité organiques, se coordonnent toujours avec ceux de la vitalité des fluides; d'où il résulte, que ces derniers sont bientôt affectés, quand les premiers le sont. Dès que les propriétés du derme éprouvent un affoiblissement, le sang qui circule dans les petits vaisseaux de cet organe, celui des veines sur-tout, change de nature. Ce trouble qui est d'abord un effet, devient bientôt une cause qui complique la maladie, et concourt à l'entretenir. Le sang qui stagne dans la peau, y perd une partie de ses propriétés, tandis que celui qui parcourt les organes internes, conserve celles qu'il possède; elles augmentent même en raison de ce que ces désordres sont plus considérables, et en raison de ce que les maladies changent de caractère. Le scorbut, les fièvres pétéchiales, les fièvres adynamiques putrides, les maladies contagieuses, et toutes celles qui proviennent de la suppression des fonctions cutanées, offrent des dispositions communes, et tiennent aux mêmes principes; leurs causes générales sont la diminution des propriétés du derme; l'accroissement de celles des organes muqueux de l'abdomen, et dans quelques cas la terminaison de la diathèse inflammatoire en gangrène; dans chacune de ces maladies les fluides offrent des dispositions qui sont relatives à celles des vaisseaux qui les contiennent et qui varient pour chaque organe, et dans les diverses portions du même organe : il seroit impossible d'assigner dans aucune, des troubles communs à toutes les parties du corps, et égaux dans chacune. Ces troubles sont différens pour chaque système, pour chaque appareil, pour chaque organe, pour chaque fluide ; et suivant les vaisseaux qui les contiennent. Non seulement les désordres de la sensibilité, de la contractilité, de la vitalité diffèrent suivant les organes internes ou externes ; mais encore, en raison des régions du corps. « Qui ne sait, dit Bichat, » que les taches scorbutiques se manifestent sur- » tout en bas ; que les infiltrations séreuses y » sont plus fréquentes ; que les ulcères sont infi- » niment plus communs aux membres inférieurs ; » qu'au contraire, dans les parties supérieures, » la plupart des éruptions cutanées se font préfé- » rablement, etc. ? » *Anat. gén. II.e vol.*, *p.* 348.

Chaque partie d'un même appareil, d'un même système a son mode particulier de sensation et de fonction ; la différence d'odeur de la transpiration suivant les régions, et celle qui a lieu entre les fluides exhalés, en sont autant de preuves ; les matières déposées sur la tête par les exhalans, sont plus onctueuses ; celles des parties génitales, plus aromatiques, etc.

La vitalité des fluides, la sensibilité et la contractilité organiques des solides, sont essentiellement relatives sur la peau et sur les membranes muqueuses à l'influence des matières en contact avec ces appareils. L'oxigène, l'hydrogène, le calorique, la lumière, et toutes les substances principales agissent différemment sur ces propriétés, en raison de leur nature. La vitalité des humeurs, la sensibilité organique des appareils avec lesquelles ces matières sont en contact, sont singulièrement subordonnées à leur action ; celle-ci est encore relative aux substances plus ou moins délétères, avec lesquelles l'atmosphère est combinée. Nous nous occupons trop peu de la manière dont agissent sur les propriétés des fluides et des solides, les matières essentielles de la nature ; et l'obscurité de nos connoissances à cet égard provient de nos négligences sur ces objets, qui sont cependant de la première importance. C'est ainsi, par exemple, qu'on remarque des changemens dans les propriétés vitales chez beaucoup de corps vivans, en raison des phases de la lune. A quoi tiennent ces changemens ? Pourquoi sont-ils plus remarquables dans certaines maladies, telles que les névroses ? Nous ne parviendrons peut-être jamais à connoître à quoi tiennent ces phénomènes ; mais nous pourrons apprendre en quoi ils consistent. On remarque, par exemple, que l'influence solaire provoque les fonctions du foie, que dans les climats méridionaux, et pendant l'été, la bile est plus abondante, et a plus d'action sur la sensibilité ; que l'hydrogène affoiblit les propriétés du derme ; que l'oxigène les provoque ; que dans les lieux humides et ombragés la peau jouit de peu de vitalité ; que certaines maladies nerveuses ont des accès fréquens pendant le cours de certaines phases de la lune, etc. Nous ne pouvons pas empêcher en beaucoup de circonstances, que les causes premières s'exercent ; mais ne pouvons-nous pas nous soustraire à leur action de bien des manières ? Voilà l'objet important, dont le médecin doit s'occuper, en déterminant les changemens nécessaires pour parvenir à cet état de santé qui nous protège contre ces causes, en bien des cas, et en détruisant ces causes, en bien d'autres circonstances où elles sont soumises à nos opérations. En vain nous chercherons à obtenir de semblables résultats, tant que les propriétés vitales ne seront pas l'objet de tous nos calculs médicaux.

Les connoissances qui nous sont nécessaires pour parvenir à la sensibilité, sont donc bien étendues ; elles comprennent : 1.° les substances extérieures ; 2.° les fluides vivans ; 3.° les solides organiques. L'influence des passions qui est relative à la constitution, à l'âge, à la vitalité des solides et des fluides, est très-remarquable sur les propriétés des liqueurs excrétées, et sur celles des organes muqueux en général. Nous ne sommes pas dans le cas d'expliquer comment s'opèrent de semblables phénomènes ; mais nous en avons chaque jour des preuves irrévocables par les changemens survenus dans les larmes et la salive pendant la colère, et dans ceux du sperme, pendant le cours des passions amoureuses, etc. Vraisemblablement des principes nouveaux se combinent aux fluides pendant ces circonstances, et des propriétés nouvelles se manifestent dans les solides. Je doute cependant qu'on parvienne à reconnoître ces désordres, par les moyens que fournissent la chimie et la physique ; c'est aux lois vitales qu'il faut en venir, si on veut obtenir des données utiles sur ces phénomènes. Les causes principales seront peut-être éternellement des mystères pour nous, tandis qu'une partie des résultats nous sera connue, et que nous pourrons les juger par les lois de la vie.

Les propriétés animales et les nerfs cérébraux ont sur la sensibilité organique et sur les nerfs des ganglions une influence infiniment variable. Non seulement cette influence exalte les propriétés organiques, mais encore elle trouble les fonctions des organes de l'une et l'autre vie : les désordres qui en sont la suite, affectent particulièrement les nerfs qui agissent sur toutes deux. Une chose très-remarquable, c'est c'est que les organes charnus de la digestion sont toujours ceux sur lesquels les désordres de la sensibilité animale portent leurs ravages : cette propriété peut être troublée dans un organe de la vie intellectuelle, sans que la sensibilité organique y soit altérée, ainsi qu'on le remarque dans les membres paralysés. « L'œil, dit Bichat, » peut cesser de voir, le nez de sentir, l'oreille » d'entendre, la langue de goûter ; et cependant » ces différens organes peuvent conserver la fa- » culté de percevoir les attributs généraux de » chaud et de froid, d'humide et de sec, etc., » peuvent être le siège d'une douleur réelle. » *Anat. gén.*, *I.er vol.*, *p.* 168. Cela semble provenir du rôle que joue le système nerveux organique dans toute l'économie sur la sensibilité organique, et sur toutes les relations animales non naturelles ou accidentelles. Ce système a donc les attributs les plus étendus ; toutes les sensations qui concourent à favoriser la nutrition et les fonctions organiques, toutes celles qui indiquent un désordre de l'économie, lui appartiennent : la nature a dû lui donner un pouvoir aussi grand, puisqu'enfin elle l'a chargé des fonctions les plus importantes à la conservation de la vie.

Fonctions de la vie organique.

On nomme fonctions organiques celles qui sont indépendantes de la volonté, et qui sont exécutées par une force particulière aux organes auxquels président la sensibilité et la contractilité organiques : ces fonctions sont relatives à la vitalité et à toutes les propriétés des fluides et des solides ; elles varient en raison de l'excitation des derniers et des troubles des premiers ; elles sont essentielles à tous les systèmes, même à ceux de la vie intellectuelle ; seulement elles ont pour objet la substance ou le parenchyme de ces derniers systèmes, tandis qu'elles embrassent toutes les fonctions des systèmes organiques : de là nous devons conclure que la vie organique est la vie commune, et que la vie animale est une vie particulière. Le cerveau et les nerfs cérébraux, auxquels appartiennent les fonctions intellectuelles, vivent ; donc ils sont en même temps soumis aux lois vitales et aux lois animales. Il n'en est pas de même de certains systèmes, de certains tissus, de certains organes qui appartiennent absolument aux propriétés et aux fonctions organiques, et pour qui les sensations animales sont des phénomènes extraordinaires dépendans d'un trouble dans leurs fonctions naturelles.

La contractilité organique ou involontaire est le moyen général qui préside à l'exécution des fonctions de la vie organique : de ces fonctions, les unes dépendent en même temps de la contractilité sensible et de la contractilité insensible, les autres sont absolument soumises à la contractilité insensible. La contractilité sensible donne lieu au mouvement des organes, elle agit sur les fluides en masse : la contractilité insensible préside à la circulation des petits vaisseaux, aux fonctions de tous les capillaires ; elle a pour objet la circulation partielle et les mouvemens imperceptibles ; elle est indispensable à tout solide vivant, même à ceux dont la contractilité sensible est l'attribut.

La contractilité organique sensible se confond avec la contractilité volontaire dans quelques organes, pour l'exécution de quelques fonctions ; c'est-à-dire, que certains tissus sont soumis en même temps à la contractilité à laquelle préside le système nerveux cérébral, et à celle qui dépend du système nerveux organique : la respiration, la vue, l'évacuation des matières fécales sont des fonctions communes à ces propriétés ;

elles sont involontaires en quelques cas, volontaires en d'autres; il n'en est pas de même du mouvement des intestins, etc.; ces organes appartiennent absolument à la contractilité involontaire.

Quelles sont les causes de la contractilité? Diffèrent-elles pour les muscles involontaires et pour les muscles volontaires? Je l'ignore, les expériences galvaniques, faites sur les animaux ou sur les cadavres des personnes auxquelles on a tranché la tête, nous apprennent que le même principe détermine la contractilité des muscles volontaires et des muscles involontaires.

Circulation.

LA Circulation peut être divisée en celle des grosses artères, en celle des capillaires, et en celle des veines. La première est dépendante de la contractilité organique sensible; la seconde résulte de la contractilité insensible; la troisième est plutôt une opération mécanique que vitale.

Le cœur, en se contractant, pousse le sang dans les artères; celui du ventricule gauche passe dans les extrémités; le ventricule droit le pousse dans les poumons; cette liqueur parcourt tout le système artériel, par le mouvement que lui a imprimé cet organe charnu. La contractilité des artères, foible et insensible, a peu d'action sur ce fluide dans les gros troncs; mais cette action augmente d'autant plus que les tubes artériels sont plus petits: elle s'empare, pour ainsi dire, du cours du sang dans les réseaux artériels; et le dirige absolument dans les capillaires.

A quoi tient le mouvement du cœur? Son excitation est-elle directe ou sympathique? Les fonctions de cet organe sont-elles sous la dépendance du système nerveux organique, ou sous celle du système cérebral?

La contractilité du cœur est tantôt dépendante de causes locales, tantôt de causes éloignées; le sang en est la cause directe; les causes éloignées proviennent des relations sympathiques des nerfs des ganglions. Les contractions régulières sont celles qui dépendent de l'influence directe du sang; celles qui sont irrégulières ou extraordinaires proviennent tantôt des maladies du cœur ou des artères, tantôt des excitations sympathiques auxquelles le système nerveux organique paroît présider. Il suffit de provoquer vivement la sensibilité organique, et de l'exalter au point de mettre en activité la sensibilité animale non naturelle sur quelques parties du corps, pour déterminer des mouvemens irréguliers et fréquens dans tous les organes charnus de la vie organique, cependant la contractilité du cœur est celle dont le trouble est le plus prompt et le plus violent : ces désordres sont d'autant plus faciles et plus intenses, que les causes d'où ils résultent ont lieu sur des organes qui reçoivent davantage de nerfs provenant des ganglions, et que ce système est plus lésé.

Point de contractilité sans sensibilité; point de sensibilité sans l'influence du sang rouge : cependant le ventricule et l'oreillette droits du cœur se contractent quoiqu'ils contiennent du sang noir; comment cela peut-il avoir lieu? Il faut ici faire une distinction entre l'excitation et entre la propriété qu'a le sang rouge de donner la sensibilité : le sang noir, en ce cas, agit comme excitant, l'oreillette et le ventricule droits ne reçoivent point leur sensibilité du fluide sur lequel ils agissent, mais bien du sang qui circule dans les vaisseaux propres à la substance du cœur. Le sang noir excite le cœur, comme la bile excite les intestins, comme le sang rouge excite l'oreillette et le ventricule gauches, parce que ces liqueurs sont en rapport avec la sensibilité organique des cavités qui les reçoivent, et qu'elles provoquent cette sensibilité. Ce qui prouve que le sang rouge est nécessaire au côté droit du cœur, comme au côté gauche, pour rendre ce viscère sensible, c'est qu'aussitôt que le sang noir pénètre dans les vaisseaux particuliers de cet organe, sa contraction cesse. Dès que dans l'asphyxie le sang devient noir, la sensibilité et la contractilité du cœur s'éteignent. Cette suspension tient donc à un trouble local ; elle a plus de rapport aux systèmes organiques qu'au système cérébral ; et s'il étoit possible même que les vaisseaux particuliers du cœur pussent recevoir du sang noir, quoique les cavités de cet organe contiendroient du sang rouge, la contractilité seroit suspendue et la circulation, anéantie.

De toutes les causes de mort, l'asphyxie est celle qui la donne plus promptement et plus généralement ; le sang noir porte par-tout en même temps la destruction des principes vitaux ; chaque organe qui éprouve son contact, cesse de vivre ; la sensibilité et la contractilité organiques sont d'abord affoiblies, et bientôt suspendues ; toutes les fonctions vitales sont altérées et détruites en même temps : le désordre frappe à l'instant toutes les facultés de l'une et de l'autre vie, il n'est nulle part sympathique, mais par-tout direct. L'asphyxie est donc réellement l'état contraire de la vie ; ses signes sont les signes négatifs de ceux que produit le sang rouge.

Le sang parvenu aux extrémités du système artériel, a perdu le mouvement que lui avoit communiqué le cœur ; son cours entre sous un nouveau pouvoir, lequel consiste dans l'action tonique de chaque petit vaisseau, c'est-à-dire, dans la contractilité insensible qui s'empare de la circulation de tout le système capillaire. Les artères, placées entre deux puissances, étoient destinées à un rôle passif, mais ce rôle se convertit lentement en un pouvoir dont l'activité est susceptible de grands changemens. Chaque vaisseau devient l'organe de sa circulation ; cette fonction est relative à l'excitation du fluide contenu et à la sensibilité du capillaire contenant ; ces ramifications innombrables forment des essaims d'organes particuliers soumis aux fluides qui les parcourent et au sang artériel qui les vivifie ; leurs troubles peuvent se multiplier autant qu'eux ; ils sont proportionnés à la part que chacun de ces petits vaisseaux prend aux causes excitantes ou débilitantes.

Les propriétés des capillaires sont différentes pour chaque organe, et sur-tout pour chaque tissu ; d'où il résulte que le cours des fluides soumis à la contractilité insensible est infiniment variable, et ne présente peut-être pas dans deux vaisseaux les mêmes dispositions. C'est dans ce système que s'opèrent les grandes fonctions de l'une et de l'autre vie, et sur-tout celles de la vie organique ; les secrétions, les excrétions, l'absorption, l'exhalation et la nutrition, s'exécutent dans ces innombrables ateliers où les forces vitales sont constamment employées aux moyens propres à accroître, à nourrir, à conserver et à développer les principes essentiels à la vie. Un grand nombre de fluides y sont produits aux dépens du fluide commun, qui est le sang : chaque vaisseau a peut-être le pouvoir de sécréter un fluide qui lui est propre. Il en est du sang pour les capillaires, ce qu'il en est de l'atmosphère pour tous les corps qui habitent la surface du globe ;

un petit nombre de principes suffisent aux immenses opérations de la nature ; les résultats varient autant que les proportions dont sont susceptibles ces principes dans leur combinaison ; chaque corps communique avec eux à sa manière, en reçoit et leur fournit : un petit nombre de substances plus simples sert à entretenir un nombre considérable de substances ou de corps composés. Le sang joue un rôle à-peu-près semblable pour tous les systèmes organiques, et sur-tout pour les capillaires ; chacun de ces vaisseaux en reçoit des matières propres à entretenir ses fonctions.

Dans l'ordre naturel, chaque fluide est en rapport avec un système particulier ; les propriétés excitantes de l'un se coordonnent à la sensibilité de l'autre. A mesure que le sang pénètre dans les réseaux artériels, il fournit à chacun de ces systèmes des liqueurs qui sont en rapport avec celles qu'il contient ; l'affinité paroît déterminer ces espèces d'isolemens de la masse commune, des fluides particuliers ; une force attractive les oblige à pénétrer dans les vaisseaux auxquels ils appartiennent ; ils y circulent favorablement, parce qu'ils les excitent, d'une manière convenable aux uns et aux autres ; mais s'il arrive que, par une cause quelconque, les propriétés des fluides, ou celles des solides, soient troublées, aussi-tôt le désordre de cette fonction a lieu. Le phénomène le plus fréquent qui en provienne, c'est le passage de la partie colorante du sang dans les vaisseaux, qui, pendant la santé, n'admettent que la partie séreuse. Il paroît qu'à cette époque, l'exaltation de la sensibilité organique met ces vaisseaux en rapport avec cette liqueur, et détermine une contractilité telle dans les réseaux d'où elle provient, qu'elle les oblige à la pousser plus avant qu'elle ne va pendant la santé. La présence du sang dans ces derniers accroît bientôt leur sensibilité et leur contractilité ; leur action augmente, et la diathèse inflammatoire fait des progrès en raison des dispositions du sang et de la nature des causes qui l'ont provoquée.

Le désordre commence toujours dans les petits vaisseaux, delà il se continue dans les réseaux artériels. La sensibilité et la contractilité de ces premiers vont en augmentant, et successivement cette dernière propriété fait des progrès du côté des grosses artères ; celles qui éprouvent foiblement la contractilité pendant la santé, en deviennent susceptibles à des degrés plus ou moins intenses à cette occasion ; le tube capillaire se resserre, pour ainsi dire, d'un côté ; il se dilate du côté opposé au cœur. Cette dilatation est l'ouvrage du sang, qui, poussé avec force par les vaisseaux antécédens, oblige ceux-ci à le recevoir ; leur action tonique s'accroît, et ils compriment ce fluide de manière à l'obliger à aller plus loin encore. Le désordre est toujours proportionné à l'intensité de l'exaltation de la sensibilité et de la contractilité organiques ; ces propriétés sont provoquées d'autant plus vivement, que l'irritation a été plus forte ; celle-ci tient à deux causes auxquelles elle se coordonne ; savoir, 1.° à la vitalité des fluides et des solides ; 2.° à l'intensité de la cause excitante. Le même degré d'irritation n'est pas toujours suivi des mêmes résultats ; au contraire, ceux-ci varient principalement en raison de la susceptibilité, laquelle est tantôt une conséquence de la vitalité avec laquelle elle est en rapport, et dépend d'autres fois des dispositions sympathiques des nerfs des ganglions, c'est-à-dire, de la transmission d'une sensation douloureuse à des nerfs éloignés de l'organe lésé, ou de la perception d'un sentiment dont le siége n'est point dans la partie où il se manifeste.

Les deux pouvoirs qui président à la circulation du sang rouge sont donc la source naturelle des désordres qui ont lieu lorsque la vitalité des fluides ou la sensibilité des vaisseaux sont troublées. Toute excitation du cœur qui provoque son action peut devenir cause sympathique de trouble des capillaires; toute lésion de ces vaisseaux peut provoquer un changement dans les mouvemens du cœur; mais ces affections sympathiques n'ont lieu que lorsque les troubles premiers sont portés à certains degrés: ces troubles consistent dans les changemens que produit le sang sur les capillaires, et dans ceux que déterminent ces vaisseaux sur ce fluide.

La vitalité des fluides et des solides est susceptible de divers états qui mettent en rapport les dispositions des uns et des autres avec celles du sang; celui-ci est le régulateur des altérations qui comprennent les divers systèmes et les espèces différentes des humeurs: il est une cause commune de bien et de mal; de bien, lorsqu'il excite favorablement, et contient les principes nécessaires à chaque fonction; de mal, lorsqu'il produit des excitations trop fortes ou trop foibles, et lorsqu'il contient des principes excédant les besoins de ces fonctions, ou insuffisans à leur entretien. Nonobstant les désordres communs que produisent les changemens survenus dans le sang, chaque fluide peut en éprouver qui lui sont propres; chaque système, chaque tissu, chaque vaisseau, chaque fibre même peut être lésé d'une manière particulière indépendante des autres parties vivantes, différentes de sa nature ou semblables, mais éloignées.

Dans toutes les maladies où le sang rouge abonde, la sensibilité et la contractilité sont fortes; la douleur a lieu lorsque le système artériel est lésé. Le contraire existe lorsque le sang est rare, lorsqu'il a peu de vitalité, qu'il est peu rouge, ou qu'il est noir, et dans toutes les affections auxquelles le système à sang rouge ne prend aucune part. Les tumeurs fongueuses et les squirres sont insensibles tant que les artères sont rares, et lorsque ces vaisseaux ne sont point comprimés dans leur trajet, mais dès que les artères sont lésées, la douleur survient ; cette sensation exalte bientôt le système artériel, et le sang rouge parcourt un plus grand nombre de vaisseaux. Ce phénomène, qui provient de l'effet que produit la douleur, est une cause nouvelle qui développe, favorise et entretient cette sensation ; le mal trouve en lui-même des moyens d'accroissement qui déterminent des changemens funestes à la nature des fluides et aux propriétés des solides : c'est à l'époque où ces changemens ont lieu dans les squirres et les carcinomes, que ces maladies font des progrès et prennent un nouveau caractère ; elles restent indolentes tant que le système à sang rouge y prend peu de part. Les tumeurs fongueuses et molles sont insensibles tant qu'elles conservent cette nature ; c'est lorsque les capillaires artériels sont lésés par le voisinage de ces tumeurs, que les propriétés organiques, et la douleur sur-tout, sont provoquées. Dans leur premier état, ces tumeurs ont plus de relations avec le système veineux qu'avec l'artériel ; le sang qu'elles contiennent n'est point du sang rouge ; celui qui y arrive et qui y circule a toutes les propriétés du sang qui séjourne dans les tumeurs variqueuses.

La circulation qui a lieu dans le système veineux diffère beaucoup de celle des artères et de celle des capillaires ; celles-ci sont actives, tandis que la première est passive ; les propriétés du sang veineux sont en rapport avec celles du système qui lui est consacré ; les unes et les autres sont remarquables par leur foiblesse : cependant nous ne devons pas conclure que le sang veineux influe sur la vitalité des vaisseaux dans lesquels il circule ; celle-ci est relative à la structure des veines, et vraisemblablement encore à la part légère que prend le système artériel à la formation de ces vaisseaux : aussi remarquons-nous que la diathèse inflammatoire est difficile et très-rare dans ce tissu. On ne voit point ramper à la surface extérieure des veines autant de capillaires à sang rouge, qu'à la surface extérieure des artères.

Vraisemblablement la circulation des veines est, à leur naissance dans les capillaires, soumise à la contractilité insensible, mais cette propriété va en diminuant à mesure que les veines sont plus développées ; enfin, la contractilité est presque nulle dans les gros troncs veineux : le sang circule dans ces vaisseaux par des forces accessoires ; savoir, 1.° par la pression qu'exerce le sang provenant des petits vaisseaux et passant dans les gros ; 2.° par la compression des parties adjacentes aux veines ; 3.° par l'effet des valvules placées au-dedans de ces vaisseaux. Le passage du sang des petites veines dans des grandes est un des moyens qui concourent encore à rendre la circulation veineuse difficile et lente : aussi les parties de ce système qui ne sont pas soumises à une pression latérale, assez forte pour les contenir dans leur propension à se laisser dilater, sont-elles sujettes à un état variqueux, et à la stagnation du sang qu'elles conduisent. La circulation veineuse est donc plutôt mécanique que dépendante des propriétés vitales ; elle est destinée à ramener le fluide qui est le véhicule de tous les principes de vie, mais qui en a fait emploi, dans les organes qui sont chargés de le vivifier et de lui rendre les propriétés indispensables au rôle que joue le sang sur toutes les fonctions de l'une et de l'autre vie.

Le système veineux a des attributs négatifs de ceux du système artériel ; ses désordres offrent des signes tout-à-fait opposés à ceux qui proviennent des lésions du système à sang rouge.

Le sang veineux n'exerce aucun pouvoir sur les opérations de l'économie ; il n'entretient ni la sensibilité ni la contractilité, il ne concourt à aucune fonction, et ne joue aucun rôle dans l'inflammation, ni dans aucune maladie avec exaltation des propriétés organiques ; sa dégénérescence progressive dans les petites veines donne lieu aux affections scorbutiques ; il s'épanche facilement pendant ces maladies dans le corps réticulaire ; delà résultent des taches, violettes ou brunes, qu'on nomme *pétéchies* ; ces taches s'agrandissent souvent. Le sang s'infiltre, pour ainsi dire, dans le chorion, dont le tissu prend la couleur brune ; l'infiltration comprend ensuite le tissu cellulaire sous-cutané, et à mesure que la maladie fait des progrès, elle se communique aux muscles ; leur tissu interfibreux se laisse pénétrer par un sang noir, les fibres charnues perdent leur consistance et leur couleur. Lorsque ces dispositions ont lieu, le derme ne jouit presque d'aucune vitalité, le sang artériel y est rare, son cours est lent dans les petits vaisseaux ; il n'en parcourt qu'un petit nombre, et passe ensuite dans les veines où il stagne et dégénère : tantôt il acquiert plus de fluidité, mais plus souvent on le trouve sur les cadavres dans un état de liquidité et de décomposition, ce qui a principalement lieu dans les membres inférieurs, lesquels sont particulièrement exposés aux affections scorbutiques.

Le système de la veine porte est-il une cause de la facilité avec laquelle les taches scorbutiques se développent au-dessous du péritoine qui recouvre les intestins, et dans le bord inférieur du mésentère ? Il résulte de cent cadavres, environ, de scorbutiques que j'ai ouverts, que constamment ces affections ont eu lieu sur ceux en qui la maladie avoit fait des progrès sur le derme et dans les muscles volontaires. Les lésions de ces derniers ne correspondent pas toujours à celles de la peau ; souvent celle-ci paroît intacte, quoique cependant les muscles qu'elle recouvre soient très-altérés.

De même que les propriétés vitales augmentent en raison de la plus grande étendue de capillaires que parcourt le sang artériel ou le sang rouge, de même aussi l'affoiblissement de ces propriétés est d'autant plus considérable, qu'un plus grand nombre de veines est parcouru par le sang noir, par le sang veineux; delà résulte l'espèce d'insensibilité qui accompagne les affections variqueuses, tant que les tumeurs qui en proviennent ne compriment pas et ne lèsent point le système à sang rouge.

Quoique le derme soit de tous les organes celui qui est le plus sujet aux affections qui ont leur siége dans le système veineux, certains appareils y sont cependant exposés ; les membranes muqueuses en sont quelquefois l'objet ; celle de l'estomac, celle des intestins, et sur-tout du cœcum et de la partie inférieure du rectum ; celle même de l'urètre, sont assez fréquemment affectées de dispositions variqueuses : ces affections en imposent en quelques circonstances pour un état inflammatoire aux personnes peu exercées à l'anatomie pathologique. Certaines affections chroniques, et sur-tout les dévoiemens dyssentériques qui sont entretenus par l'adynamie des membranes muqueuses, sont compliquées de diathèse variqueuse : de là proviennent les évacuations sanguines, qui ont lieu dans ces maladies. Les veines qui rampent dans le tissu cellulaire qui avoisine la partie inférieure du rectum, sont sur-tout sujettes aux dilatations ; ce qui provient de la facilité avec laquelle ces vaisseaux se laissent distendre par le sang, faute d'éprouver une compression latérale. Le séjour des matières dans le rectum, l'état de grossesse, l'engorgement de la matrice, et des glandes muqueuses de l'abdomen et du foie sur-tout, sont les causes fréquentes de ces affections qu'on nomme *hémorroïdes*. De semblables désordres accompagnent ordinairement les tumeurs skirrheuses et cancéreuses, lorsqu'elles sont anciennes ; d'où il résulte que, si la compression favorise la circulation du sang veineux, lorsqu'elle est uniforme, et qu'elle comprend les veines dans tout leur trajet, elle lui devient funeste, lorsqu'elle n'a rapport qu'à un seul point de ces vaisseaux.

Digestion.

La peau et les membranes muqueuses sont les appareils chargés d'établir les grandes relations qui existent entre nous et les substances extérieures. C'est par l'action de ces organes que s'opèrent l'accroissement et la nutrition, que nous enlevons aux substances avec lesquelles nous sommes en rapport, les principes nécessaires à ces fonctions. Les lois physiques et les lois vitales luttent dans l'étendue de ces appareils ; ce que les premières perdent, les secondes le gagnent ; les substances inorganiques cessent d'être soumises aux premières de ces lois, pour passer sous la dépendance des lois vitales : c'est sur ces membranes que celles-ci commencent à exercer leur empire, en animalisant les matières en rapport avec les fonctions dont elles sont chargées. Les premières opérations vitales ont lieu sur la surface de ces membranes ; elles ont pour objet l'introduction dans le domaine de la vie des substances qui ne jouissent point de cette propriété de celles qui l'ont perdue, ou qui sont disposées à l'acquérir. Sans cesse ces opérations se continuent ; mais elles se combinent avec les principes physiques, de telle manière que ceux-ci gagnent et perdent en même temps ; c'est-à-dire, qu'à mesure que certaines substances deviennent vivantes, d'autres cessent de vivre, et rentrent dans la dépendance des principes ou des lois physiques qui se conservent encore et se combinent avec les lois vitales de telle manière, qu'elles leur cèdent plus ou moins d'empire, et qu'elles s'exercent à peine sur quelques substances, soit fluides, soit solides : en aucun cas les lois physiques n'abandonnent complettement les corps vivans.

Les membranes muqueuses et la peau se distribuent les fonctions de l'animalisation, de telle manière que chacune de ces membranes agit sur des matières particulières : celles de la digestion sont chargées des travaux les plus difficiles de l'animalisation générale. C'est sur ces membranes, que chaque jour une grande quantité de substances, plus ou moins éloignées de la nature de nos organes, y acquiert des dispositions telles, qu'elles en font bientôt partie. La nature, constante dans sa marche, la suit pour la digestion ; elle donne lentement aux substances qui sont l'objet de cette fonction, la vie qu'elles doivent avoir avant que de circuler dans nos vaisseaux ; les excrétions glanduleuses et muqueuses qui sont de nos humeurs après le sang, celles qui ont plus de vitalité, et qui en ont peut-être plus que cette liqueur en quelques cas, sont chargées de donner aux substances de la digestion les premiers degrés de la vie. Cette animalisation va en augmentant pour ces matières, depuis les lèvres jusqu'au commencement des gros intestins ; la salive, le mucus exhalé sur toute la surface de la bouche et de la langue, les excrétions des amygdales, les larmes, les mucosités des différentes glandes qui existent, tant à la partie supérieure qu'à la partie moyenne du pharynx donnent aux alimens avec lesquels ils s'unissent, la propriété d'exciter favorablement l'estomac, de s'unir dans cet organe à de semblables fluides qui y arrivent sans cesse, et y forment ce qu'on nomme *suc gastrique*. Les alimens parvenus dans l'estomac excitent d'autant plus favorablement ce viscère, que cette première combinaison a été plus parfaite, et que sa sensibilité est plus naturelle ; les excrétions muqueuses provenant des régions supérieures continuent à fluer et à décomposer davantage le bol alimentaire ; un mucus, exhalé sur toute la surface de l'estomac, en rapport par sa nature avec les mucosités que reçoit ce viscère, est produit en abondance ; il concourt à animaliser davantage, à donner de nouveaux degrés de vie aux matières qui acquièrent de plus en plus cette faculté ; les lois physiques abandonnent leur pouvoir sur une partie de ces substances, les lois vitales s'en emparent ; l'estomac se contracte et met les divers fluides ou substances qu'il contient dans le cas de se mêler et de se combiner. A mesure que cette combinaison augmente, les absorbans de cet organe qui paroissent en grand nombre, agissent sur certains fluides, et les enlèvent ; la masse restante devient en partie composée de liqueurs naturelles, qui la mettent en rapport avec la sensibilité du pylore : cette masse se présente partiellement à cette ouverture. L'excitation qu'elle produit sur elle, est-elle convenable à son mode de sensibilité ? alors le pylore se dilate, et les matières pénètrent dans le premier des intestins, où elles excitent les conduits biliaires et pancréatiques. Cette excitation provoque l'émission de la bile et du fluide pancréatique ; ces liqueurs coulent en abondance, la bile sur-tout ; elles ajoutent encore à la vitalité de la matière nutritive qui passe rapidement dans le jejunum, dont la sensibilité et la contractilité sont très-fortes, et dont la tunique interne

fournit

fournit beaucoup de mucus qui est blanchâtre et bien glutineux. L'iléon est celui des intestins grêles qui paroît avoir le plus de part à l'animalisation des matières avalées ; elles se combinent de plus en plus dans ce viscère dans lequel elles conservent une fluidité qui est à-peu-près la même pour toute son étendue ; ce qui prouve au moins que l'absorption n'est pas plus active dans cet intestin que l'exhalation. Parvenues à la valvule de Bauhen, les matières pénètrent dans le cœcum ; celui-ci adhérant dans une partie de son étendue sur le muscle iliaque droit, paroît jouir d'une vitalité plus forte que celle des intestins grêles. Demeure ordinaire des petits vers trichurides, et habitation favorite des ascharides, cet intestin est le plus exposé de tous aux maladies ; le séjour des matières, que favorise sa large adhérence, est une des causes les plus fréquentes de celles qui ont leur siège dans le conduit intestinal. C'est dans ce viscère qu'on trouve les lésions les plus graves qu'offre le grand nombre des cadavres des personnes mortes de maladies nerveuses : ce qu'il y a de frappant dans ces affections, c'est d'avoir lieu sans douleur.

Les matières arrivées dans le cœcum ont obtenu toute la vitalité dont elles sont susceptibles avant que d'entrer dans la circulation : aussi l'absorption commence-t-elle à devenir active dans ce viscère ; elle va en augmentant jusque dans le commencement du rectum : ce qui le prouve, c'est le desséchement continuel et progressif des matières ; desséchement qui est d'autant plus considérable, que ces matières sont plus près de ce dernier intestin. Cette activité des absorbans est d'autant plus forte, que la sensibilité et la contractilité organiques sont plus vives ; c'est ce que démontre la contraction du colon, qui est tellement spasmodique dans sa portion descendante, quand l'absorption est portée au dernier degré, que cet intestin a pendant certaines maladies, et sur-tout chez les personnes affectées de névrose, un espace à peine assez grand pour y faire pénétrer un corps gros comme un doigt, lorsqu'on l'examine sur le cadavre; il forme des espèces de cellules dans lesquelles les matières sont moulées en crottins d'autant plus petits et plus durs, que la contractilité qui se conserve après la mort, est plus forte.

La contractilité des intestins et de l'estomac est en général d'autant plus forte, que ces viscères sont plus irritables et plus irrités; cette contractilité donne lieu à la constipation à certains degrés; elle produit des déjections fréquentes et liquides en d'autres circonstances. Celle de l'estomac est assez fréquente pendant les névroses; on trouve quelquefois ce viscère très-étroit, et comme divisé en deux cavités, chez des personnes dont l'appétit étoit très-grand avant la mort, et qui étoient sujettes à des affections nerveuses considérables.

Une partie des matières qui ont été l'objet de la digestion est absorbée dans le cœcum et le colon; le surplus se composant et des matières qui, après avoir joui de la vie, sont déposées par les exhalans pour être rejetées au-dehors et rendues aux lois physiques, et de celles qui n'ont point passé sous l'empire des lois vitales, quoiqu'elles aient parcouru les intestins, passe dans le rectum; l'absorption n'a plus d'objets sur lesquels elle puisse être active, aussi celle qui a lieu dans cet intestin, paroît-elle très-foible; l'exhalation l'emporte même sur cette fonction, et il n'est pas rare de trouver les matières contenues dans ce viscère moins dures que celles que logent les cellules que forme le colon descendant. Ce dernier intestin semble avoir été destiné par la nature à mouler les matières, et à les préparer à la forme et au diamètre de l'anus ; cependant la forme qu'elles y acquièrent ne se conserve pas toujours dans le rectum ; souvent il arrive qu'elles y séjournent, s'y appliquent les unes sur les autres, et sortent en gros rouleaux par l'anus, ce qui en impose sur l'état de constipation dans cette circonstance ; mais alors les rouleaux sont composés de crottins appliqués les uns contre les autres, et ne sont point, comme dans l'état de santé, plus ou moins uniformes, et de consistance égale et modérée. Ces phénomènes auxquels on a peu fait d'attention sont de la plus grande importance, puisqu'ils indiquent l'état de la contractilité des intestins, laquelle est d'autant plus forte, que l'excitation de ces viscères est plus vive. D'autres fois il arrive que le rectum est rempli de crottins, plus ou moins durs, et que plusieurs lavemens administrés en peu de temps, ne parviennent pas même à entraîner. Plusieurs fois j'ai ouvert des cadavres dont le rectum étoit gorgé de semblables matières, quoiqu'avant la mort les évacuations eussent offert un autre caractère.

C'est à l'activité de l'exhalation qui a lieu dans le rectum, que paroît due l'abondance des matières glaireuses qui sortent par l'anus quand le ténesme a lieu. Cette excrétion est proportionnée à l'irritation de la partie inférieure de cet intestin. L'exhalation ne paroît aussi abondante dans ce viscère que pour procurer aux matières qui y sont déposées, un gluten qui favorise leur issue et les met dans le cas, par leur ramollissement, de se conformer à la grandeur ou au resserrement de l'anus.

Chaque organe possède les moyens qui conviennent à ses fonctions ; les uns et les autres sont composés de systèmes dont elles sont l'objet ; les absorbans abondent dans le colon qui est chargé de retirer les principes nutritifs et d'isoler les matières qui n'ont aucun droit à la vie ; le rectum, qui est destiné à recevoir des matières qui peuvent avoir une consistance plus ou moins considérable, possède un grand nombre d'exhalans, lesquels versent des mucosités propres à les liquéfier ou à diminuer leur solidité; l'excitation que causeroit leur présence est modérée par les mêmes mucosités, qui sont aussi plus glaireuses que dans le surplus du conduit intestinal, et qui abondent en raison de l'excitation. Les absorbans eussent été inutiles dans cet intestin, puisque les fluides nutritifs ont été absorbés dans celui qui le précède; il est un entrepôt susceptible de beaucoup de dilatation; on le trouve, dans quelques cas, gorgé de matière et remplissant le petit bassin. Certaines rétentions d'urine proviennent de cette cause.

Depuis les lèvres jusqu'à l'anus, chaque partie des organes de la digestion a donc un rôle particulier à remplir; la bouche exécute la mastication et la première combinaison des substances extérieures avec des liqueurs excrétées; ces substances se mettent, par cette première opération, en rapport avec la sensibilité de l'estomac : cette propriété étant soumise aux liqueurs excrétées qui proviennent des glandes et membranes supérieures, est favorablement excitée lorsque les alimens en sont bien imprégnés; au contraire, lorsque cette première opération est imparfaite, lorsque les alimens ne sont pas bien imprégnés de ces liqueurs, la digestion stomacale se fait mal. Cette seconde opération de la digestion est une suite de la première; elle est une continuité de la mixtion des alimens aux liqueurs qui, des régions supérieures, coulent dans l'estomac. A cette première combinaison se joint un mucus blanchâtre et très-glutineux, qui est exhalé de toute la surface de ce viscère; cette nouvelle substance ajoute beaucoup à la vitalité de la masse alimentaire, qui acquiert de plus en plus les propriétés animales et vitales.

Le pylore d'abord irrité par les substances avalées, se resserreroit à leur approche, mais favorablement excité par cette dernière combinaison, il se dilate et permet le passage de cet amalgame qui entre dans le premier intestin.

La digestion stomacale est-elle bien exécutée ? Celle des intestins devient facile ; elle est imparfaite lorsque cette première est mal accomplie. Les altérations du cardia et du pylore, c'est-à-dire, celles des deux ouvertures de l'estomac, sont celles qui causent les troubles les plus considérables de la digestion stomacale. On rencontre des lésions plus ou moins étendues dans la partie moyenne de ce viscère sur les cadavres de personnes qui n'avoient éprouvé aucun désordre de la digestion et aucun autre signe de maladie dans cette région ; d'où nous pouvons conclure que la sensibilité de la tunique muqueuse de l'estomac est peu susceptible de désordre, et que la douleur n'y est pas facile dans les lésions chroniques ; elle est cependant très-vive dans certaines lésions de cet organe, mais nous ignorons de quelle partie vient cette sensation. Des phlogoses partielles sont quelquefois rencontrées sur sa tunique muqueuse chez des personnes mortes dans la fièvre ataxique ; elles ont ordinairement lieu dans la grande courbure ou près le cardia, mais elles sont assez rares et tellement inconstantes dans la même maladie, qu'il est impossible de prononcer sur le rôle qu'elles jouent sur la sensibilité animale, d'autant plus qu'on ne les trouve point en pareil cas sans complication de semblables lésions de la muqueuse intestinale ; tel est au moins le résultat des observations que j'ai faites sur près de trois cents personnes mortes dans l'ataxie. Plus on observe cette membrane, plus on compare ces lésions avec celles de la muqueuse intestinale, et plus on est persuadé que les propriétés organiques et animales diffèrent dans l'une, de ce qu'elles sont dans l'autre. Je n'ai pu encore obtenir aucune donnée exacte sur les propriétés animales de la muqueuse stomacale, ni sur les maladies auxquelles peuvent donner lieu ses lésions diverses; j'ai seulement reconnu que le mucus qui en provient et qui l'enduit est susceptible de beaucoup de changemens pendant les fièvres et les névroses.

La troisième opération de la digestion est exécutée dans le duodenum; cette opération est très-importante : c'est dans ce viscère que la bile, le suc pancréatique et le mucus provenant des petits grains glanduleux, semblables aux salivaires, qui sont disséminés autour du pylore, ajoutent aux propriétés vitales des fluides qu'animalise la digestion. Le duodenum jouit de beaucoup de vitalité; un grand nombre de vaisseaux rouges sont répandus dans sa tunique charnue. Cet intestin paroît être le théâtre où se passent des scènes violentes; une matière combustible, la bile, susceptible des changemens les plus prompts et les plus considérables, semble être la cause principale des espèces de volcans qui proviennent de ces antres obscurs. Des dégagemens spontanés de gaz, des excitations subites causées par l'immodération des émissions de la bile, par la contraction spasmodique de la vésicule et par son évacuation plus ou moins prompte déterminée sympathiquement par les sensations animales accidentelles sur les conduits biliaires, et principalement sur les organes charnus de la vie organique, sont autant de troubles qui paroissent donner lieu à un grand nombre de maladies nerveuses et ataxiques.

La bile, dans son cours naturel par le cholédoque, paroît éprouver une modification qui est déterminée par le fluide pancréatique; cette modification n'a plus lieu lorsque tout-à-coup la vésicule rejette les matières qu'elle contient; dès lors celles-ci agissent différemment sur les intestins ; elles exaltent d'autant plus vivement leurs propriétés, qu'elles sont plus abondantes, plus brunes et plus épaisses : des phlogoses considérables, des excoriations même en sont souvent la suite. Le mucus qui enduit les intestins s'unit à ces matières, et la tunique interne en contact immédiat avec de pareilles substances, en éprouve de vives excitations, mais l'autopsie cadavérique apprend que ces lésions guérissent promptement lorsque les matières qui les ont produites ont été éloignées de l'endroit phlogosé, et qu'elles deviennent moins irritantes par leurs combinaisons avec les substances que contiennent ces viscères. L'exhalation d'un nouveau mucus qui recouvre et protège ces points phlogosés est le baume naturel qui en arrête les funestes effets. Mais les choses ne se passent pas toujours ainsi; les désordres des fonctions du foie, les excrétions considérables de la bile, les troubles de cette matière sont des causes qui entretiennent et aggravent fréquemment le mal : l'ataxie, d'abord aiguë, devient chronique quand le malade échappe aux premiers troubles. Une foule de maladies dont nous nous obstinons à chercher la cause dans le cerveau, proviennent de ces altérations et varient comme elles.

Les intestins grêles sont les organes où les matières nutritives acquièrent tous les degrés d'animalisation dont elles sont susceptibles, et dont elles ont besoin pour remplir le but de la nutrition et de l'accroissement ; elles s'assimilent dans ces viscères à nos humeurs, et se préparent à fournir aux besoins continuels des fonctions dont celles-ci sont chargées ; elles abandonnent de plus en plus les lois physiques, pour appartenir davantage aux lois vitales. Elles se combinent continuellement avec les fluides biliaires et pancréatiques dont elles provoquent sympathiquement l'excrétion et l'émission. Ce qui avoit lieu dans l'estomac relativement aux combinaisons entre les alimens et les excrétions salivaires, lacrymales, etc., et avec le mucus exhalé par la face interne de ce premier organe, se répète pour ces derniers viscères où l'animalisation reçoit ses derniers attributs. Les substances que contiennent ces organes, se mettent en rapport par les propriétés qu'elles acquièrent avec la sensibilité de la valvule cœcale qui se dilate à leur approche, lorsque la digestion est bien faite; et qui se resserre lorsque cette opération est imparfaite : cette valvule ne cède en ce dernier cas qu'aux efforts que fait l'iléon pour son évacuation; de là résultent vraisemblablement une partie des mal-aises qui accompagnent les mauvaises digestions, les coliques et les douleurs abdominales.

La dernière portion de l'iléon est particulièrement sujette aux troubles que causent les matières irritantes sur ce viscère; sa contraction est plus forte et plus facile que celle du surplus de cet intestin, dont fréquemment on trouve la tunique muqueuse phlogosée dans son dernier huitième, et en contact avec des matières bilieuses plus ou moins colorées, sur les cadavres des personnes mortes dans le cours des névroses ou de l'ataxie. Les propriétés organiques de cette membrane diffèrent tellement de celles de la membrane interne du cœcum, que la plupart du temps une face de la valvule de Bauhen est très-altérée, pendant que l'autre face est saine ou peu malade.

Les matières qui sont l'objet de la digestion, acquièrent dans les intestins grêles les propriétés dont elles ont besoin pour provoquer les fonctions des gros intestins : ces fonctions consistent principalement dans l'absorption qui commence à être active dans le cœcum, et augmente dans le colon; elle est très-forte dans la dernière portion de ce viscère, qui est aussi celle dont la contractilité est la plus vive. Il résulte de cette disposition, qu'à mesure que les matières ont moins de volume par suite de l'enlèvement des parties fluides, cet intestin se resserre davantage, et s'applique sur ces matières, dont les vaisseaux absorbans retirent de plus en plus les fluides, pendant qu'elles prennent une forme et un volume qui les préparent à sortir par l'anus. La tunique muqueuse de cet organe forme dans ses contractions très-fortes des espèces de cellules où les matières se moulent en crottins, qui acquièrent quelquefois une consistance telle, qu'ils irritent et contondent la membrane muqueuse qui se trouve serrée sur ces corps, par les fibres charnues dont l'action la froisse de plus en plus : il en résulte souvent des phlogoses et des excoriations plus ou moins vives. Ces lésions qui ont particulièrement lieu dans les névroses, concourent encore à augmenter la contractilité de cet intestin, et paroissent causer par le déplacement de ces crottins et la présence de nouveaux, divers troubles dans les fonctions cérébrales. Les personnes, sur les cadavres desquelles je remarquai ces altérations, n'avoient éprouvé aucune douleur abdominale. La portion transverse de cet intestin se laisse quelquefois dilater par les matières fécales qui l'engouent ; elle contracte des adhérences par ses extrémités avec le foie et avec la rate ; ces adhérences qui gênent la contraction de ces viscères, m'ont paru être une cause de son engouement. Chez quelques personnes mortes de la fièvre ataxique, j'ai trouvé des matières noirâtres formant des croûtes sèches, appliquées sur cet intestin qui étoit phlogosé au-dessous. Les matières ne se moulent point dans le colon transverse ; lorsqu'on y trouve quelques crottins, ils paroissent être venus du colon ascendant. Chez un homme qui avoit éprouvé des signes cataleptiques pendant le cours d'une fièvre ataxique, je trouvai la tunique interne du colon transverse excoriée et recouverte d'une matière semblable à du blanc d'œuf cuit, disposé en écailles.

Les dispositions plus excitantes qu'acquièrent les matières bilieuses, lorsqu'elles deviennent abondantes, plus épaisses et plus brunes, sont les causes les plus fréquentes de l'exaltation, de la sensibilité et de la contractilité organiques des intestins : l'absorption qui a lieu dans ces viscères, varie par les mêmes causes ; son activité est relative à celle de la contractilité sensible ; les constipations et beaucoup de déjections liquides, jaunes ou brunes, sont entretenues par ces matières, et quelque différens que paroissent les résultats, les causes sont les mêmes : c'est de la différence qui a lieu dans la contractilité que proviennent ces phénomènes divers ; les désordres des exhalans varient suivant les mêmes dispositions : si l'excitation est plus vive dans les intestins grêles que dans les gros, les mucosités qui changent de nature, suivant cette excitation, deviennent tellement abondantes, que quelle que soit l'activité des absorbans, elle est insuffisante pour empêcher le dévoiement, celui-ci est fréquemment entretenu par cette cause ; mais dans ce cas, les matières sont très-glaireuses, souvent claires et peu colorées. Dans quelques circonstances les désordres de l'exhalation de la tunique muqueuse des intestins sont tels, que les mucosités deviennent aqueuses et très-copieuses ; elles sortent souvent involontairement par l'anus, dès qu'elles ont acquis ce caractère. Dans la constipation, au contraire, le mucus des gros intestins, du cœcum, et du colon sur-tout, est blanchâtre, épais, peu abondant et fort glutineux ; il protège la tunique interne de ces viscères contre l'action contondante des matières durcies.

Les matières diffèrent quelquefois beaucoup par leur couleur, en raison des intestins où elles sont : ce qui a sur-tout lieu pendant la constipation. Dans cette circonstance, je les trouvai souvent noires dans les intestins grêles, quoiqu'elles présentassent dans le colon descendant et dans le rectum, la couleur qui a lieu pendant la santé.

L'exaltation de la digestion et de l'appétit tient à certain degré d'excitation des membranes muqueuses des organes destinés à cette fonction : dès que cette excitation est augmentée, l'appétit et la digestion changent ; tantôt ils sont plus vifs encore ; tantôt ils sont détruits. Le même principe produit des résultats très-opposés, en raison des divers états qu'il parcourt ; le dévoiement résulte de certain degré d'excitation ; et la constipation qui est un état opposé, est entretenue de même par une excitation moindre, ou plus considérable.

Pendant que la digestion a lieu, toutes les propriétés des viscères qui en sont chargés, sont dans un état d'exaltation ; l'excitation est plus forte qu'avant cette époque, et le sang afflue en plus grande quantité dans l'abdomen : cet afflux est relatif à la sensibilité et à la contractilité organiques des viscères de cette région ; le sang abonde dans tout le système abdominal, et il devient rare à la peau ; les propriétés organiques de l'appareil glandulo-muqueux sont plus vives, pendant que celles du derme sont plus foibles. Ces phénomènes divers sont une conséquence des rapports sympathiques qui ont lieu entre l'appareil muqueux et le derme, et entre les diverses parties du système artériel. Le sang est le principal moyen qui détermine ces dispositions diverses ;

il afflue dans les organes excités, et devient rare dans ceux qui sont opposés à ceux-ci ; sa présence augmente la sensibilité des organes abdominaux ; son éloignement du derme est une cause d'adynamie pour cet organe ; les fonctions des premières sont augmentées, celles du dernier sont affoiblies. Les frissons qui annoncent souvent la première époque de la digestion, la suppression de la transpiration, et la suspension des diverses fonctions cutanées, résultent de la foiblesse du derme ; et cette foiblesse est une suite de l'exaltation des propriétés vitales de l'appareil glandulo-muqueux, et de l'immodération du cours du sang. Dès que la digestion s'achève, les fluides éprouvent une nouvelle vitalité ; ils l'ont acquise par leur mélange avec les principes nutritifs ; ils portent par-tout des causes d'excitation ; les propriétés de la peau sont réveillées par ce moyen, et l'exhalation est retablie dans son étendue ; le sang y afflue de nouveau, et sa présence revivifie tous les systèmes, tous les organes : cet état se continue jusqu'à ce que d'autres alimens viennent provoquer encore les membranes muqueuses. C'est dans cette alternative que se passent les fonctions sympathiques du derme et des membranes de la digestion. Tous les moyens qui peuvent troubler, soit la peau, soit les organes de l'abdomen, en excitant trop vivement les uns ou les autres, sont capables d'altérer la digestion, soit en donnant trop d'activité à ses appareils, soit en affoiblissant leurs propriétés ; de telle manière que les causes d'indigestion comprennent tantôt les organes de l'abdomen, tantôt la peau.

On a beaucoup discuté sur les dispositions de la digestion où l'on doit être, lorsqu'on s'expose aux miasmes contagieux ou putrides : la solution de cette question se trouve dans les principes que nous avons posés, elle est une conséquence de la digestion et de l'action des miasmes putrides.

Pendant que les alimens agissent sur la sensibilité organique et qu'ils provoquent cette propriété dans les organes de la digestion, où le sang afflue en raison de leur excitation, les miasmes putrides et contagieux affoiblissent la sensibilité et toutes les propriétés vitales des parties avec lesquelles ils sont en contact, c'est-à-dire, celles du derme et des membranes aériennes; d'où il résulte que le sang provoqué dans l'abdomen y afflue avec d'autant plus de facilité, qu'il est éloigné du derme par l'affoiblissement de cet organe; cependant la peau auroit besoin d'éprouver vivement l'influence de cette liqueur, afin d'obtenir assez de vitalité pour résister aux causes affoiblissantes, et les organes muqueux auroient besoin de rester dans un état d'excitation modérée, pour l'accomplissement de leurs fonctions. Les fluides dont la vitalité est altérée par les miasmes délétères, sont, il est vrai, dans le cas d'obtenir de nouveaux principes nutritifs; mais ils n'en reçoivent que de mauvais, parce que la digestion est imparfaite. Il n'en est pas de même lorsqu'une petite quantité d'alimens faciles à digérer, est soumise à la digestion; et lorsqu'on a le soin de réveiller les propriétés organiques du derme par des frictions et par des excitans; alors cet organe, mis dans le cas de combattre les principes délétères par une vitalité plus forte, retient le sang artériel dont il obtient de puissans secours. Ce fluide est moins abondant dans tout le système abdominal, et la vitalité de cette région conserve le type nécessaire à la digestion; il résulte de cette fonction des principes nutritifs favorables à la santé, et une excitation du système des ganglions et de tous les systèmes qui concourent à former les organes muqueux abdominaux, telle qu'elle devient bientôt commune à toutes les extrémités de ces systèmes, et qu'elle les soutient dans leurs fonctions. La vitalité des fluides, la sensibilité des solides reçoivent des mêmes causes les moyens dont ils ont besoin pour se défendre contre les principes délétères. Une quantité modérée d'oxigène unie à l'air atmosphérique, n'est pas moins nécessaire que les choses précédentes à l'exécution des fonctions du derme. L'oxigène vivifie le sang auquel il est indispensable ; il excite la peau ; il provoque la sensibilité et la contractilité organiques que les miasmes et l'hydrogène affoiblissent ; il est l'antidote des principes délétères. Son usage cependant doit être modéré ; il ne faut pas le rendre assez abondant pour qu'il puisse crisper les solides, et trop condenser les fluides. N'oublions jamais que les choses utiles deviennent nuisibles, lorsqu'elles sont immodérées, que le bien est un terme dont on s'éloigne dès qu'on abuse des choses qui peuvent le procurer. De l'ignorance de cette vérité provient l'incertitude des opinions sur les mêmes matières, de la multitude des humains qui ne sait pas que maint résultats peuvent être différens, lorsque le principe reste le même, qu'il suffit à leur exécution que les circonstances changent.

Respiration.

TEL est l'enchaînement des pouvoirs dans le gouvernement de la nature, que les principes qui président à la vie, sont unis aux principes régulateurs des phénomènes physiques ; les uns et les autres se provoquent mutuellement, leurs opérations sont d'autant plus actives, que leurs efforts s'unissent davantage. La puissance des principes vitaux émane des principes physiques ; ceux-ci acquièrent plus d'activité par l'exercice des premiers : le sang qui est le fluide dispensateur de la sensibilité, et par conséquent de la vie, reçoit de l'atmosphère le principe de son pouvoir. C'est dans ce fluide que réside la vie commune; les corps inorganiques, et ceux qui sont organisés, lui doivent leur existence. Toutes les substances qui sont destinées à la digestion, sont les résultats des combinaisons qui ont eu lieu sous l'influence de l'atmosphère; elles ont subi dans des organes bien différens les préparations nécessaires à la première opération de cette fonction; la respiration moins compliquée est chargée d'enlever à l'atmosphère une substance qui se combine avec le sang, et qui donne à cette liqueur le pouvoir de provoquer l'exécution de toutes les autres fonctions de la vie. La digestion agit sur des matières plus ou moins composées, tandis que la respiration s'exerce sur une substance non décomposée; elle procure au sang l'oxigène, qui lui donne une couleur rouge et le rend propre à animer toutes les substances vivantes, à déterminer toutes les opérations de l'une et de l'autre vie, et à mettre chaque fluide, chaque système, chaque organe, chaque individu dans le cas de remplir le but auquel il est destiné. Toutes les fonctions organiques et animales sont subordonnées à celle-ci; aussi la nature l'a-t-elle mise sous le pouvoir des deux vies; mais elle l'a essentiellement confiée à la vie organique. On pourroit dire que chaque organe a pour objet une fonction particulière, mais qu'aucun n'a le pouvoir exclusif d'accomplir cette fonction; que ce pouvoir suprême est l'attribut du sang rouge qui parcourt en souverain tout le domaine de la vie qu'il anime comme l'astre du jour anime tous les organes de l'univers. De même que l'époque où le calorique abandonneroit tous les corps, seroit le terme fatal de leur existence; de même aussi l'époque où le sang artériel cesse d'être rouge, est le terme où la vie s'éteint. Point de vie sans l'oxigénation du sang, sans l'influence du sang rouge. Nous ne parlons pas ici de l'enfant qui n'a pas respiré ; nous le considérons comme une partie accidentelle de l'être qui le produit : nous parlons de chaque animal vivant par lui-même, respirant et digérant.

Le sang artériel perd dans les petits vaisseaux les propriétés qu'il avoit dans les artères, il s'y dépouille de sa couleur rouge, et rentre noir dans le système veineux ; ce système ramène au cœur le fluide qui vient acquérir les principes nécessaires à sa vivification ; le canal thorachique, en introduisant dans le sang veineux qui provient des extrémités supérieures, la lymphe qui résulte du travail d'un système répandu dans tout le corps et sur-tout dans le ventre, commence sa vivification ; ensuite ce fluide poussé par le cœur dans les poumons reçoit dans ces organes, du contact de l'air atmosphérique l'influence de l'oxigène qui se combine avec lui, et change sa couleur noire en rouge. Uni à ce principe, le sang possède le pouvoir qu'il n'avoit point tant qu'il étoit noir, celui de dispenser la sensibilité : dans cet état il revient au cœur, qui le pousse dans toutes les extrémités.

La respiration se compose de deux mouvemens principaux ; l'un est l'inspiration, l'autre l'expiration : le premier résulte de l'introduction de l'air atmosphérique dans les poumons pendant que la poitrine se dilate de bas en haut. Le second provient du relâchement des muscles inspirateurs, du resserrement de la poitrine, et de l'affaissement des poumons. Pendant l'exécution de ce dernier, le besoin qui avoit provoqué l'inspiration se renouvelle, et de nouveau cette opération devient nécessaire. Ces deux temps de la respiration se succèdent tant que la vie dure ; dès qu'ils sont suspendus, la mort a lieu.

L'inspiration tient à la sensibilité organique dans l'état naturel ; la sensibilité animale accidentelle concourt à la provoquer, lorsque quelque obstacle la rend difficile ; un certain mal-aise qui augmente à mesure que l'inspiration est plus pénible, provoque cette opération par la contraction des muscles inspirateurs : ce besoin d'inspirer se fait tellement sentir sur la vie intellectuelle, que la volonté est bientôt subjuguée, et l'intention même de cesser d'inspirer, lorsqu'elle peut avoir lieu, est vaincue par ce besoin. Si par une cause quelconque l'inspiration ne se réitère promptement, le sang noir conserve sa couleur, et rentre dans cet état dans le système artériel ; en un instant cette fatale révolution peut s'opérer, et tout le système capillaire être rempli par le sang noir, qui porte à-la-fois la mort dans toutes les parties du corps, et détruit en même temps toutes les fonctions de l'une et de l'autre vie : de là résulte l'asphyxie ; les noyés, les pendus, ceux qui expirent dans un air dépourvu d'oxigène, éprouvent la même mort. Cette mort provient de l'absence de ce principe dans le sang, c'est-à-dire, de la couleur noire de ce fluide. Si le sang veineux ne passait que par certaines artères, les organes qui en éprouveraient l'influence, seraient les seuls frappés d'insensibilité ; leurs fonctions seules seraient suspendues ; mais toute l'économie éprouvant au même instant l'action pernicieuse du sang noir, est à-la-fois frappée de mort ; le cœur cesse de se contracter, parce qu'il a perdu sa sensibilité ; tous les systèmes organiques sont dans l'inaction, parce qu'ils ne sont plus vivifiés par le principe absolu qui est le sang rouge : la cause de la mort se trouve par-tout ;

l'action directe du principe de la sensibilité, son action sympathique s'éteignent en même temps.

L'oxigénation du sang et sa coloration en rouge, sont des opérations physiques ; elles ont lieu indépendamment de la vie ; le sang veineux des cadavres devient rouge dès qu'il éprouve le contact de l'air atmosphérique, mais cette action directe ne peut avoir lieu dans la poitrine, vu que le sang n'y est pas en contact immédiat avec l'atmosphère. Comment se fait donc cette combinaison ? L'oxigène est-il enlevé dans les bronches par un fluide exhalé de ces membranes, avec lequel il est en rapport ? Ce mélange est-il approprié à une espèce particulière d'absorbans qui l'unissent à la partie colorante du sang, et déterminent par cette mixtion la couleur rouge de ce fluide ? Ce moyen est le plus vraisemblable ; il est conforme à la marche générale de la nature, qui unit lentement toutes ses opérations. La quantité d'oxigène que peut comprendre le sang, est relative à la quantité de partie colorante de ce fluide : cette partie colorante est sous certains rapports proportionnée à l'albumine et à la fibrine ; cependant dans l'adynamie cette première substance ne diminue pas comme les dernières.

Les deux espèces de contractilité concourent ensemble à la respiration ; la contractilité sensible organique, et la contractilité insensible en jouent les rôles principaux. La contractilité sensible est indispensable à cette première ; elle exécute les opérations générales qui mettent la contractilité insensible dans le cas de s'exercer, en déterminant le cours des fluides qui la provoquent.

La respiration commence à la naissance ; elle est due aux changemens qu'éprouve la sensibilité à cette époque, et sur-tout celle des membranes aériennes qui, pour la première fois, sont mises en contact avec l'air. L'oxigène s'unit dès-lors au sang qui rentre dans le cœur avec une couleur nouvelle et rouge ; toute l'économie est vivifiée en même temps ; la sensibilité, la contractilité et toutes les fonctions de la vie, lesquelles sont une suite de l'action de ces propriétés, reçoivent de cette liqueur des attributs qu'elles n'avaient pas ; le sang rouge devient indispensable à la vie dont il décide absolument : depuis cette époque, à mesure que toutes les fonctions deviennent actives, les besoins de la nutrition et de l'accroissement se multiplient ; aussi les organes de la digestion entrent-ils en activité, et le sang reçoit-il des deux grandes fonctions qui viennent de se développer, les principes qui sont nécessaires au but auquel il est destiné. Les propriétés du sang de l'enfant qui a respiré diffèrent considérablement de celles du fœtus qui repose dans la matrice ; les organes de la vie cérébrale qui, avant la naissance n'étaient susceptibles que de la sensibilité organique qui préside à leur nutrition, commencent à éprouver la sensibilité animale : cette propriété d'abord faible, s'accroît chaque jour jusqu'à l'époque où elle acquiert le dernier terme de développement dont elle est susceptible ; alors commence un cours opposé à celui qui a eu lieu jusqu'à ce moment, et la décrépitude détruit lentement ce qui lentement avait été développé. Nous ne sommes pas deux instans les mêmes pendant la plus longue vie ; le changement est perpétuel : sa lenteur cache aux mortels le destin qui leur est commun, la formation et la destruction. Nous ne sommes pas dans le cas de juger l'effet que produit chaque minute sur tous nos organes ; et nous nous rassurons sur notre chûte fatale, en croyant être le lendemain ce que nous étions la veille ; il n'en est rien cependant ; soumis aux lois immuables de la vie, nous en subissons sans cesse les effets ; les organes n'acquièrent pas toujours un développement proportionné ; ceux de la poitrine dominent en certains cas, et ceux de l'abdomen dans d'autres. Lorsque les organes pectoraux ont plus de vitalité, la vie organique l'emporte par l'activité de ses fonctions sur la vie animale ; les membres sont gros, la nutrition se fait bien, les muscles sont forts : il semble que la nature n'a eu pour objet que la force musculaire et l'activité des fonctions organiques, dans cette distribution. C'est bien différent, lorsque les organes abdominaux ont la prépondérance, la constitution est plus ou moins délicate, les membres sont ordinairement plus courts ; mais les organes muqueux de l'abdomen sont plus développés, la bile est abondante, les organes de la vie animale sont susceptibles d'une perfection plus ou moins grande, et la vie intellectuelle a plus d'activité que la vie organique ; les tempéramens bilieux et nerveux résultent de cette seconde disposition. A quoi attribuer ces changemens ? si ce n'est à des causes particulières au développement des germes. Quant à la différence qui existe entre les facultés intellectuelles du tempérament sanguin, qu'on pourrait nommer *pectoral*, et celles des tempéramens nerveux et bilieux, qui sont les tempéramens *abdominaux*, elle paraît résulter du rôle différent que jouent sur la vie intellectuelle les organes pectoraux et les organes de l'abdomen.

Le système des ganglions, le mode particulier de sensibilité des nerfs internes des intestins, l'influence de la bile et de toutes les excrétions muqueuses, sont les causes essentielles de ces changemens. Dans la poitrine, une étendue beaucoup moindre de surfaces membraneuses est exposée à l'action des causes irritantes ; les nerfs de ces membranes ne jouent point le même rôle sur la sensibilité animale que ceux des intestins ; des fluides muqueux ne viennent pas sans cesse provoquer leur sensibilité ; les alimens, et la foule des causes excitantes qui agissent sur le conduit intestinal, ne troublent pas leurs propriétés, et ces nerfs ont peu d'action sur les organes cérébraux. Il n'en est pas de même des organes abdominaux ; un ordre particulier de nerfs, ceux de la muqueuse intestinale, a le pouvoir de transmettre au cerveau ses excitations sans douleur ; ces nerfs sont continuellement excités par les excrétions muqueuses qui se rendent dans ces viscères, et sur-tout par la bile qui exerce sur leurs propriétés un très-grand pouvoir, d'où il résulte que leur sensibilité est relative à l'excitation de cette liqueur et varie comme elle. Cette propriété est encore accidentellement exposée à une excitation particulière, ayant beaucoup de rapport à celle de la bile, c'est-à-dire, à celle des liqueurs alkoolisées et de diverses autres substances. Une multitude de causes peuvent donc agir sur les nerfs internes des intestins, et provoquer sympathiquement les organes cérébraux, tandis qu'aucune n'exalte la sensibilité des organes pectoraux de manière à provoquer la sensibilité animale naturelle. Les organes génitaux dont l'influence sur la vie cérébrale est si remarquable, sont encore placés dans l'abdomen ; de sorte que l'étendue des surfaces excitables de cette région, que la sensibilité de ses organes et leurs relations avec ceux de la vie animale, ne ressemblent point aux propriétés des viscères internes de la poitrine La vitalité des premiers décide de la susceptibilité générale, par l'excitation continuelle dans laquelle le système des ganglions est entretenu dans le ventre où il est très-répandu ; elle est là cause principale des dispositions particulières qu'offrent les tempéramens bilieux et nerveux sous le rapport de la sensibilité, de l'activité et de l'intelligence, tandis que le rôle obscur des organes pectoraux sur la sensibilité animale décide du peu d'activité de la vie intellectuelle des tempéramens sanguins ou *pectoraux*. L'abdomen est donc la région où se préparent et d'où naissent les causes qui règlent les facultés cérébrales, de même que la poitrine est la région où sont placés les organes qui règlent, par leur vitalité et leur influence, les opérations de la vie organique, et sur-tout celles des extrémités qui n'ont de rapports bien actifs qu'avec cette vie. Nous ne comprenons pas le derme dans cette distribution, puisqu'il est un organe de la vie animale et que ses propriétés sont subordonnées aux influences provenant des organes abdominaux. Non-seulement les tempéramens donnent lieu aux changemens qu'on remarque dans les propriétés organiques et animales chez les divers individus, mais encore les époques de la vie où les divers organes ont plus de vitalité, donnent lieu, chacun suivant sa nature et ses propriétés naturelles, aux phénomènes qu'offrent l'une et l'autre vie. Quand la vitalité des organes de la respiration est en rapport avec celle des organes de la digestion, le tempérament est mixte, les deux vies offrent des dispositions qui sont relatives au rôle que joue chaque système, pectoral ou abdominal.

Les maladies auxquelles sont sujets les organes de la respiration sont encore relatives à la force ou à la foiblesse des propriétés vitales des poumons; si la vitalité de ces organes est considérable, les maladies inflammatoires sont les plus communes : au contraire, les maladies chroniques et adynamiques sont fréquentes chez les personnes dont les propriétés organiques des viscères pectoraux sont faibles ou affaiblies.

Quelles sont les relations organiques des poumons avec le derme, avec les membranes muqueuses et avec les organes génitaux? Nous l'ignorons ; nous présumons cependant que ces relations sont très-intimes. Les sueurs nocturnes, celles des mains et des pieds qui ont lieu dans la phthisie pulmonaire, les ulcérations de la tunique muqueuse des intestins dans la même maladie, l'exaltation des propriétés organiques et animales des organes génitaux dans le même temps, nous indiquent que ces organes sympathisent entr'eux, mais nous ignorons quels sont les systèmes chargés de ces sympathies et de quelle espèce sont les troubles communs des fluides qui peuvent circuler dans les uns et les autres.

L'autopsie cadavérique nous apprend que la diathèse tuberculeuse est la plus fréquente des altérations des poumons ; que l'extrémité supérieure du poumon droit est la partie qui en est le plus souvent affectée ; que ces lésions ont lieu dans leur premier état sans douleur et sans aucun symptôme qui puisse les indiquer ; qu'elles sont communes à tous les âges, et fréquentes chez les personnes d'un tempérament lymphatique ou faible.

J'ai fait beaucoup de recherches pour connaître l'origine des tubercules ; voici ce que j'ai remarqué. Une matière glaireuse et transparente forme des lobules disséminés dans les poumons ; ces lobules prennent de la consistance à mesure qu'ils cessent d'être transparens ; leur contour devient membraneux et adhérent aux parties adjacentes : ces corps grossissent de plus en plus, leur substance devient fibreuse, mais leur nature est particulière ; cette substance se convertit ensuite en une matière liquide et purulente : c'est alors que semblent s'établir des ouvertures entre ces tubercules et les bronches par où sort cette matière qui est d'abord unie aux mucosités bronchiques, et forme des filets blanchâtres qui augmentent au point de devenir des flocons puriformes, albumineux, jaunâtres et plus ou moins gros. Les tubercules se développent non-seulement dans les poumons, mais encore dans tous les corps glanduleux; ils ont souvent lieu au-dessous du péritoine; la rate y est très-sujette, les reins et le foie en offrent assez fréquemment. J'ignore si l'origine de ces corps est la même dans tous ces organes; mais on en trouve en même temps dans les uns et les autres. Le tissu cellulaire paroît être le système qui est le plus affecté dans la diathèse tuberculeuse; delà proviennent les infiltrations et les épanchemens séreux qui accompagnent souvent cette diathèse; elle tient à l'affaiblissement des propriétés organiques : aussi le système artériel, loin d'y prendre part, est-il à peine sensible dans leur étendue. Les membranes qui forment les kistes des tubercules sont cependant organiques, mais nous ne devons point nous en étonner, puisque les substances fibrineuses épanchées dans les plèvres deviennent identiques à ces membranes, et sont, comme elles, parcourues par des vaisseaux sanguins. Les catarres de la membrane muqueuse des bronches sont souvent cause des affections tuberculeuses des poumons.

Absorption.

Les absorbans forment un des systèmes les plus actifs, les plus répandus et les plus nécessaires; ils nous mettent, sur la peau et sur les membranes muqueuses, en relation avec les substances extérieures qu'ils introduisent dans nos humeurs; au-dedans de nous ils établissent une circulation active en reportant dans les vaisseaux les fluides exhalés. Ce système est vraisemblablement divisé en autant d'espèces qu'il y a d'espèces de fluides vivans; ses fonctions sont, ainsi que celles de tous les systèmes organiques, relatives à la vitalité, à la nature du sang et aux propriétés des fluides sur lesquels ils agissent. Les appareils dermoïde, muqueux et cellulaire, sont ceux où les absorbans ont plus d'activité; dès que le sang perd de sa vitalité et acquiert une couleur noirâtre ; dès que la sensibilité et la contractilité organiques sont affoiblies, l'absorption diminue ; delà proviennent les épanchemens de la sérosité dans l'infiltration et les hydropisies. Les exhalans continuent à verser des fluides, parce que leurs fonctions peuvent être passives, tandis que celles des absorbans ne sont jamais mécaniques et qu'elles s'éteignent, quoique les premières se soutiennent.

A quoi tient l'absorption ? quelle est la force qui introduit les fluides dans les absorbans ? y sont-ils poussés ou attirés ? suffit-il qu'une substance soit fluide pour être absorbée ? ou bien a-t-elle besoin d'être préparée à circuler dans ce système ? les lois physiques et les lois vitales s'unissent-elles pour concourir ensemble à l'absorption ? Ces diverses questions, qu'il est difficile de résoudre d'après des expériences bien constatées, vu la nature des fonctions des absorbans, sont cependant susceptibles de beaucoup d'éclaircissement lorsqu'on leur fait l'application des lois naturelles, physiques ou vitales.

La nature, constante dans sa marche, a fait dépendre l'immensité des résultats qui frappent nos sens, d'un petit nombre de moyens qui se combinent et se modifient à l'infini pour l'exécution de ces premiers. Chaque animal vivant est entouré d'une atmosphère propre qui provient des relations qui s'établissent entre lui et l'atmosphère commune : des combinaisons continuelles ont lieu dans cette atmosphère privée; certaines substances abandonnent les lois physiques pour passer sous la dépendance des lois vitales, d'autres échappent à celles-ci et rentrent sous la domination des premières. La vitalité expire, pour ainsi dire, là où les lois physiques reprennent leur empire ; les premiers degrés de la vie sont accordés, dans cet intervalle, aux matières qui vont pénétrer en nous: ces matières obtiennent, suivant leur nature, une vitalité différente; elles augmentent ou diminuent, en raison de leur nature, la vitalité des systèmes organiques avec lesquels elles sont mises en contact, et celles des fluides auxquels elles se combinent. C'est ainsi, par exemple, que l'hydrogène s'unissant dans cette atmosphère aux principes qui sont absorbés, affoiblit les propriétés vitales du derme, et que l'oxigène provoque ces propriétés. Les matières sur lesquelles agissent les absorbans cutanés ont donc déjà éprouvé une action particulière de la part des lois vitales, lorsqu'elles pénètrent dans ces vaisseaux? Cette action, en partie dépendante de ces premières, et en partie soumise aux lois physiques, donne aux matières un premier degré d'animalisation qui les met en rapport avec les fluides qui circulent dans les capillaires de cet organe. Plus le fluide approche des orifices des absorbans, et plus il a d'affinité avec celui qui circule dans ces vaisseaux. Il y a vraisemblablement entre ces fluides une réaction physique dépendante des principes vitaux, qui établit l'attraction de ceux qui sont extérieurs en faveur de ceux qui sont intérieurs; de telle manière que l'absorption se décide au-devant des orifices des absorbans. Par ce moyen, les fonctions de ce système sont garanties contre l'impression trop vive des substances extérieures et les fluides qui circulent dans les absorbans, sont protégés contre les changemens fréquens auxquels ils seraient sujets si ces vaisseaux s'exerçaient sur toutes les substances, sans qu'elles eussent besoin d'être disposées à pénétrer en eux.

A quels troubles ne serions-nous pas exposés, si les substances extérieures n'étaient pas dans la nécessité d'éprouver un premier degré d'animalisation avant que de se combiner à celles qui circulent en nous ? La somme des forces physiques l'emporterait souvent sur les forces vitales, et la vie serait, la plupart du temps, le jouet des phénomènes physiques; il n'y aurait plus de rapports entre les propriétés des solides et des fluides, entre les besoins des uns et l'action des autres.

Ce qui a lieu sur la peau se répète sur les membranes muqueuses, mais les moyens qui sont destinés à animaliser les substances extérieures, à les mettre en rapport avec la sensibilité des absorbans, et avec la nature des fluides que contiennent ces vaisseaux, se multiplient en raison des fonctions que ces membranes ont à exécuter ; celles de la respiration, qui n'agissent que sur une seule matière, l'air atmosphérique, offrent à cette matière une petite quantité de fluides animalisés ; tandis qu'au contraire, les organes de la digestion qui sont chargés des opérations les plus importantes de l'animalisation et de la nutrition, sont en rapport avec des glandes destinées à leur fournir des quantités de liqueurs vivantes, aussi considérables que leurs fonctions sont actives. Ces glandes ont des rapports sympathiques avec les membranes sur lesquelles se passe la digestion, tellement intimes, que leurs propriétés se coordonnent pendant la santé comme dans l'état de maladie. Nonobstant ces fluides secrétés par les glandes, les membranes muqueuses en fournissent encore un particulier, qui les enduit, et forme un nouveau filtre au travers duquel doivent passer les substances sur lesquelles agissent les absorbans. Dans toute l'étendue de ces membranes, les fonctions de l'absorption sont relatives à l'influence des liqueurs glanduleuses et muqueuses; les troubles de ces fluides décident de ceux des absorbans, et vraisemblablement de ceux des liqueurs qui circulent dans ces vaisseaux. A certain degré d'excitation, les absorbans semblent se crisper et l'absorption est suspendue ou ralentie ; la même chose a lieu quand, par une cause contraire, les fluides qui sont dans le cas d'être absorbés n'ont pas acquis assez de vitalité ; alors l'absorption est peu active. Cette proportion entre les absorbans, les fluides qui peuvent être absorbés et l'absorption, est le principe régulateur de cette fonction, dont l'ordre exige que chaque partie qui y concourt, participe à ses désordres même, mais qu'elle puisse aussi provoquer son rétablissement et y concourir ; delà il résulte que lorsqu'une cause quelconque trouble soit la sensibilité des absorbans, soit la vitalité des fluides qui en deviennent l'objet, l'absorption cesse d'être régulière, et dès que l'une de ces dispositions est ramenée à son état naturel, elle détermine les autres à en faire autant. Cetre marche n'est point une loi particulière au système absorbant, ni même aux capillaires, elle est une loi vitale, elle a rapport à tous les fluides et à tous les solides ; elle est commune aux parties vivantes et aux substances dont les lois physiques règlent le cours, dans leur action réciproque, mais seulement sous le rapport des phénomènes de la vie ; delà il résulte que les substances extérieures ont le pouvoir de disposer de l'absorption, et que la sensibilité des absorbans modifie leur action, et la coordonne à la vitalité des fluides et des solides auxquels elles ont rapport : chacun, dans ce travail commun, agit d'une manière conforme à l'intensité de ses forces vivifiantes ou perturbatrices. La vitalité que les absorbans reçoivent du sang et des systèmes divers qui agissent sur eux, les seconde dans leur lutte contre les causes morbifiques extérieures, de même que celles-ci tendent à rétablir l'absorption, lorsque leur nature les met dans le cas de le faire, et que cette fonction est troublée par des causes internes. Le même principe qui préside à l'absorption sur le derme et sur les membranes muqueuses, préside à cette fonction dans les membranes séreuses, dans le tissu cellulaire, et par-tout où il y a des absorbans, avec cette différence que ces vaisseaux agissent sur des fluides qui ont déjà circulé. La marche que suit l'absorption est d'ailleurs la même ; c'est toujours d'après les rapports qui s'établissent entre les fluides qui approchent les orifices des absorbans et ceux qui circulent dans ces vaisseaux, que cette fonction a lieu ; les résultats sont les mêmes entre les propriétés des liqueurs et celles des solides.

L'on confond souvent les résultats qui dépendent des lois physiques avec ceux qui sont dus aux lois vitales. C'est ainsi, par exemple, qu'on attribue à ces dernières les infiltrations, les transsudations et les phénomènes qui proviennent de la propriété hygrométrique de quelques substances animales. Les propriétés physiques, avons-nous dit, ne s'éteignent jamais complettement dans les substances qui jouissent de la vie ; mais elles s'affoiblissent d'autant plus que la vitalité est plus forte ; au contraire, elles reprennent leur empire à mesure que l'action des lois vitales devient moindre : dans le premier cas, l'exaltation des fonctions organiques et animales est proportionnée à l'intensité des principes vitaux : dans le second, les phénomènes sont relatifs à l'activité des principes physiques. La propriété hygrométrique des cheveux de l'épiderme et du tissu cellulaire est d'autant plus forte, que la vitalité est moindre ; la transsudation et l'exhalation passive, qui sont également des opérations physiques, ont d'autant plus de facilité à s'exercer, que les principes vitaux sont plus affoiblis : delà résultent les affections qu'on remarque dans l'adynamie. Ces dispositions vont en augmentant jusqu'à la mort ; elles sont à leur dernier degré de perfection sur les cadavres ; et d'autant plus considérables encore à cette époque, qu'elles étaient plus remarquables à la fin de la vie. On juge facilement de ces dispositions dans les amphithéâtres pendant les temps pluvieux et dans les lieux humides, lorsqu'on compare les corps des personnes mortes dans l'adynamie, avec ceux des individus qui ont succombé pendant les symptômes inflammatoires : les premiers s'infiltrent aisément ; les seconds éprouvent lentement les mêmes résultats. Cette différence n'est point due à un pouvoir vital, mais aux propriétés que la vie a imprimées en raison de sa force, aux substances sur lesquelles elle s'exerçait. Tels sont donc les pouvoirs des principes universels, qu'ils règlent, pour ainsi dire, le destin des substances qui se forment par leur action. L'enchaînement de ces pouvoirs et des propriétés qui en résultent, se fait de telle manière, qu'entre la vie et la mort il n'y a point d'intervalle exactement déterminé : les propriétés vitales s'emparent lentement de la matière, lentement elles l'abandonnent. Les corps cessent-ils de vivre ? des procédés *mixtes* entre ceux de la vie et ceux qui sont dépendans des principes physiques s'en emparent. La vie ne quitte ordinairement un individu, que pour passer dans beaucoup d'autres, dont les germes pressés de vivre à leur tour étaient autant de causes de destruction pour la vie du corps qu'ils concouraient à former avec des dispositions passives d'abord, actives ensuite.

Le même ordre se retrace dans toute la nature : la vie commence lentement ; la mort s'exerce de même, insensiblement elle s'insinue dans le domaine de la vie ; l'une et l'autre se provoquent perpétuellement ; elles vont souvent ensemble : l'une marche d'un pas accéléré ; l'autre d'un pas lent. Evitons, si nous voulons les distinguer dans les phases qu'elles parcourent, la manière d'observer du vulgaire, qui ne voit que certains phénomènes, et aux yeux duquel la nature bondit sans cesse. La mort est pour lui l'époque où la vie animale est éteinte ; et la vie commence le jour où il voit les espèces actives et parvenues à un degré élevé de développement. Evitons aussi les conjectures ; mais faisons en sorte de suivre la ligne des principes universels qui règlent les phénomènes qui échappent à nos expériences. Ces principes doivent être l'ame de nos théories, et celles-ci doivent s'arrêter là où les principes uous échappent. Les sciences s'aggrandissent à mesure qu'elles se simplifient ; c'est alors seulement qu'elles deviennent utiles : le bien qu'elles font tant qu'elles ne sont pas étayées sur des bases communes, c'est-à-dire, sur les lois physiques et vitales, est souvent une source de maux plus grands encore, et d'erreurs d'autant plus funestes, qu'elles sont le partage de gens qui fondent sur leur hideuse réunion un trône à l'orgueil. Combien d'hommes ne prennent pas le nom de savans, qui sont une calamité pour la science ! Ils forment des nuages épais qui arrêtent les rayons lancés par l'astre de la vérité ; leurs doctrines confuses empêchent à celle-ci de se développer.

L'absorption est donc une des fonctions auxquelles concourent les lois physiques et les lois vitales : celles-ci donnent aux vaisseaux absorbans le pouvoir de provoquer l'activité des précédentes ; de telle manière que l'affinité qui met en rapport les fluides qui pénètrent dans ce système avec ceux qui y circulent, est produite par une force vitale, et qu'elle est relative à la vie. Cette fonction se compose réellement de deux propriétés : la première est l'animalisation ; la seconde, l'affinité et l'attraction : ni l'une ni l'autre n'ont lieu dès que la vie est éteinte.

Un des phénomènes les plus intéressans sous le rapport de l'absorption, c'est de savoir quel rôle jouent les absorbans sur les miasmes contagieux, pestilentiels ou putrides. Ces miasmes provoquent-ils l'absorption? la détruisent-ils? leur action sur les parties vivantes a-t-elle plus de rapport aux lois physiques qu'aux lois vitales? les miasmes augmentent-ils, ou affoiblissent-ils la vitalité des solides et des fluides? Les faits remarqués dans le séjour des amphithéâtres de dissection nous aideront à répondre à ces questions, dont la solution se trouve dans les lois organiques. Toutes les exhalations méphitiques et putrides altèrent la contractilité organique; elles affaiblissent la circulation des capillaires et celle des exhalans qui en font partie; la peau se décolore sous leur influence, elle perd sa chaleur, et toutes les propriétés qui caractérisent la santé; bientôt le ventre se météorise; des gaz se dégagent dans les intestins; la constipation a fréquemment lieu; la bouche devient pâteuse et sèche; les céphalalgies frontales, le mal-aise des extrémités, la douleur de l'épigastre sont les signes qui se manifestent ensuite. Ces symptômes vont en augmentant en raison de la persévérance des causes et de leur intensité; la peau devient chaude et souvent brulante; l'aridité de la bouche augmente; la soif est plus ou moins vive; le délire se manifeste, sur-tout pendant les exacerbations qui sont plus ou moins fortes; l'affaissement survient d'autant plus promptement, que ces signes ont été plus intenses et plus rapprochés. Si la maladie continue et augmente, l'accablement devient extrême; le pouls est fébrile et plus ou moins irrégulier; mais il offre cette mollesse qu'on distingue dans les maladies des organes muqueux abdominaux, qui proviennent de l'exaltation de leurs propriétés.

A quoi tiennent ces différens symptômes ? quels troubles éprouvent les propriétés des organes extérieurs, et celles des organes intérieurs ? Voici ce que l'observation et l'ouverture des cadavres démontrent. Le sang est rare dans le derme ; les veines seulement de cet organe semblent en contenir : au contraire les membranes muqueuses, et sur-tout celles des intestins, offrent un grand nombre de capillaires occupés par ce fluide ; tout le système de la veine porte en présente beaucoup ; les glandes muqueuses, et principalement la rate, sont plus volumineuses ; on en exprime, après y avoir pratiqué des sections en tout sens, une grande quantité de sang ; la bile est noire et fort abondante, soit dans les intestins, soit dans la vésicule ; souvent même la muqueuse intestinale est excoriée, ulcérée et dans un état de gangrène. Mais ces altérations sont partielles, et souvent peu étendues. Que conclure de ces désordres ? que le derme était dans un état d'adynamie pendant que les organes muqueux, et surtout ceux de l'abdomen, éprouvaient une exaltation dans leurs propriétés ; que cette exaltation a déterminé un état de gangrène dans quelques portions des intestins ; que cette affection provenait de l'action de la bile, et résultait des propriétés irritantes que cette liqueur a acquises : ce qui le prouve, c'est que les taches gangreneuses et la diathèse inflammatoire, sont proportionnées aux troubles et à la quantité de cette liqueur. Ces désordres divers se produisent les uns et les autres ; ils se provoquent de telle manière, que le contact des miasmes affaiblit la sensibilité et la contractilité organiques de la peau ; que le sang qui cesse d'être provoqué et de circuler dans les vaisseaux de cet appareil, reflue dans les organes internes : il en engorge les réseaux artériels ; les viscères de la digestion, plus exposés aux excitations, en reçoivent de grandes quantités ; tout le système de la veine porte en est engorgé ; de là résultent le désordre des fonctions biliaires, le trouble de la bile et ses effusions abondantes. Le désordre le plus considérable est donc celui des viscères de la digestion ; il est proportionné à l'adynamie du derme, à la quantité de sang qui reflue dans l'abdomen, aux troubles que ce fluide éprouve dans sa vitalité, à la constitution, à l'âge, au régime, aux affections morales, et sur-tout à la crainte. Le principe des lésions est le même dans plusieurs maladies dépendantes des mêmes causes ; mais les signes qui en proviennent varient autant que les degrés d'exaltation et d'affaissement qu'éprouvent les propriétés organiques et animales de la peau et des organes internes.

Toutes les maladies qui proviennent de la rareté de l'oxigène dans l'atmosphère, toutes celles qui résultent des miasmes contagieux, ont un même type ; mais elles varient à l'infini en raison des changemens qui ont lieu dans le trouble des propriétés des solides, des fluides et des systèmes divers. On a pensé que les absorbans jouaient un rôle dans leurs cours, qui ne leur appartient point. Les communications des miasmes qu'on a attribuées à ce système, semblent bien plutôt résulter d'une action physique, que d'une opération vitale ; elles tiennent à la disposition de ces miasmes de s'attacher aux substances diverses, et particulièrement à celles qui ont vécu, ou qui vivent. Nous pouvons comparer leur action à celle des substances animales ou végétales qui se gâtent, et qui par leur contact entraînent l'altération des substances avec lesquelles elles sont mises en rapport. De semblables affections ne tiennent point aux principes vitaux ; leurs résultats sont tout-à-fait contraires à ceux que produisent ces principes : les remèdes propres à les combattre sont ceux qui peuvent entretenir la vitalité et la provoquer ; mais ces remèdes doivent être appliqués sur la peau, et non introduits dans les organes internes dont les propriétés sont déjà dans un état d'exaltation : cette même exaltation et l'adynamie du derme, sont susceptibles de tant de degrés différens, que ces remèdes doivent varier à l'infini, et changer autant que les troubles des solides, et en raison de ceux qui peuvent s'être développés dans les fluides divers.

Exhalation.

Indépendamment de la circulation vasculaire, nos humeurs sont susceptibles d'un cours particulier : déposées dans les cavités que forment, par leur entrelacement, les divers tissus organiques, elles enduisent les surfaces libres de ces cavités, et favorisent, par ce moyen, le mouvement intérieur de tous les solides : ces cavités varient à l'infini pour la grandeur et la forme ; le tissu cellulaire est particulièrement destiné à leur composition ; ce tissu se réunit de telle manière qu'il forme autour de chaque organe, de chaque partie qui concourt à la formation des organes, et de chaque fibre même, un intervalle arrosé par un fluide destiné à favoriser son mouvement et les fonctions auxquelles il appartient. Le cerveau, les poumons, le cœur, les viscères de la digestion, nous fournissent des exemples des grandes membranes qui résultent de cet arrangement ; les cellules sous-cutanées, celles qui ont lieu entre les innombrables fibres des muscles, etc., nous donnent des preuves des petites cavités, des petits intervalles que la nature a établis pour favoriser la contractilité et le mouvement intérieur. Ce que nous voyons en grand pour le péritoine et les plèvres, nous le voyons en petit pour le tissu cellulaire, et si nos sens étaient assez parfaits pour suivre la nature dans sa marche, nous le verrions d'une manière plus admirable encore pour les intervalles interfibreux. Ces innombrables cavités sont humectées par des fluides qui les protègent contre l'adhérence de leurs parois, dont elles favorisent le glissement réciproque ; ces fluides sont déposés par des petits vaisseaux, dont les orifices sont très-nombreux : ces vaisseaux sont nommés *exhalans*, et leur fonction, *exhalation*. Le système qu'ils forment est très-répandu ; nous n'avons sur leur structure et sur leur combinaison dans le parenchyme organique, aucune connaissance exacte, leur ténuité ne permettant pas à nos sens de nous éclairer sur leurs dispositions particulières. Ces vaisseaux sont au nombre des systèmes que nous ne connaissons que par leurs fonctions, par le trouble de ces fonctions, et par l'application des lois vitales.

Les exhalans sont de plusieurs espèces ; celles-ci varient vraisemblablement comme les fluides exhalés : non seulement ils sont très-multipliés dans les parties qui ne communiquent point avec les substances extérieures, mais encore ils sont en grand nombre sur les appareils qui sont en rapport avec ces substances ; ils déposent sur la peau et sur les membranes muqueuses, des matières qui les enduisent et les protègent contre les substances venant du dehors. Ces matières ont pour objet de rendre à l'atmosphère et aux lois physiques, celles de leurs parties qui ont perdu la vie : une portion est destinée à s'unir aux fluides qui doivent être absorbés, et à mettre, par un premier degré de vitalité, ces substances en rapport avec nos humeurs, et à faire passer lentement sous la dépendance des principes vitaux, les corps qui étaient soumis aux principes physiques. Une seconde partie a pour but de rétablir sous la puissance de ceux-ci, les matières dont les principes vitaux s'étoient emparés, et qui ne peuvent plus concourir à entretenir nos fonctions.

Les exhalans et les absorbans sont également répandus, leurs fonctions se coordonnent pendant la santé; tout désordre survenu entr'eux est une cause de maladie. Les inflammations et l'adhérence des parties qui étaient seulement en contact proviennent souvent de l'exaltation des fonctions des absorbans, ou de la disproportion de celles des exhalans; les hydropisies et les infiltrations résultent de la continuité de l'exhalation et du ralentissement de l'absorption.

Le système exhalant a des rapports intimes avec les capillaires susceptibles de recevoir le sang rouge; ses altérations sont ordinairement proportionnées à celles de ces vaisseaux; il est, comme eux, subordonné à la sensibilité, à la contractilité organiques, et à toutes les causes qui peuvent changer ces propriétés. L'exhalation se confond avec une propriété mécanique qui est la transsudation; la première est d'autant plus considérable, que les propriétés organiques s'exercent avec plus de force; la seconde est d'autant plus prononcée, que l'exhalation est plus affoiblie; d'où il résulte que certains phénomènes peuvent avoir lieu dans tous les temps de la vie : il n'en est pas ainsi de l'absorption : cette fonction n'est jamais mécanique. De ces dispositions différentes, proviennent les résultats qui ont porté la confusion dans certaines théories qui ne sont point basées sur les lois vitales. On a vu des épanchemens avoir lieu dans les membranes séreuses pendant l'inflammation, et ces membranes se laisser distendre par la sérosité dans des maladies contraires, c'est-à-dire, pendant que la sensibilité et la contractilité organiques sont très-affoiblies, et on en a conclu que les mêmes résultats devaient dépendre des mêmes causes. L'erreur a été grande. Dans le premier cas, le sang, sous l'influence duquel étaient les membranes affectées, était abondant et bien pourvu en albumine et en fibrine; sa vitalité était considérable : dans le second cas, au contraire, le sang était rare ; la fibrine et l'albumine y abondaient peu, et les fluides épanchés différaient de ceux qu'on remarque dans la première circonstance, par leur disposition séreuse et par l'absence des parties albumineuse et fibrineuse qui étaient unies aux épanchemens inflammatoires : la sensibilité animale non naturelle était exaltée dans le premier cas; elle est nulle dans le second lorsque l'épanchement ne cause pas de tiraillement dans les solides environnans.

Les fluides exhalés changent de nature dans l'état pathologique; leurs troubles sont proportionnés à ceux des propriétés des exhalans et du sang ; pendant l'adynamie, lorsque cette liqueur a peu de vitalité, lorsque sa couleur est plutôt noire que rouge, elle s'échappe par les exhalans et donne lieu aux hémorragies passives ; ces hémorragies sont fréquentes, sur-tout dans les membranes muqueuses, dans celles des bronches, des narines et dans les intestins; elles sont assez rares dans la vessie. Les urines sanguinolentes proviennent bien plutôt des ruptures qui ont lieu dans les veines du col de cet organe, qui sont souvent variqueuses, que de la transsudation ou de l'exhalation passive du sang.

Les exhalans sympathisent entr'eux et avec le système à sang rouge, de telle manière que les désordres de l'exhalation dans une partie du corps sont tantôt suivis de l'exaltation de cette fonction dans d'autres parties, tantôt de phlogose. Le tissu cellulaire, les membranes séreuses et les membranes muqueuses, sont les plus exposés à ces affections, sur-tout lorsque l'exhalation est supprimée sur la peau, et que cette suppression est subite; dans ce cas, les inflammations ont ordinairement lieu dans les organes qui jouissent de plus de vitalité, de ceux qui sont plus faciles à exciter, et dont les propriétés organiques sont plus exaltées : cela revient à ce que nous avons dit en parlant des exaltations de la sensibilité organique; c'est toujours dans les organes où cette propriété est plus forte, que les excitations éloignées se portent. Aussi voyons-nous les tempéramens sanguins être fréquemment affectés de phlegmasies pectorales, et les bilieux éprouver facilement les maladies bilieuses, ataxiques et nerveuses, lorsque les uns et les autres éprouvent une suppression plus ou moins subite de transpiration.

Quoique nous ayions dit que les exhalans sont ordinairement en rapport par leurs fonctions avec les absorbans dans l'état de santé, cependant nous voyons entre ces deux systèmes des différences considérables sur trois organes de l'abdomen; ces différences sont nécessaires aux fonctions de l'économie; elles consistent dans l'activité plus considérable de l'absorption, pour l'estomac, pour le cœcum et le colon, et dans la force de l'exhalation, pour les bassinets et les uretères. L'extraction des fluides qui eussent passé en trop grande quantité dans le duodenum, celles des principes nutritifs, là où la digestion doit être accomplie, exigent la première de ces dispositions; l'émission des sérosités qui ont concouru aux fonctions de la vie, et sur-tout à celles du système séreux, rend indispensable la seconde, sur-tout lorsque l'exhalation cutanée est foible. Les exhalans dont les rapports sympathiques sont les plus frappans, sont ceux de la peau et des membranes urinaires : aussitôt que les premiers éprouvent, par le froid ou l'humidité, une crispation ou un relâchement, ceux des membranes urinaires deviennent actifs et l'urine abonde. Ce phénomène appartient-il plutôt au système cellulo-séreux, c'est-à-dire, à celui qui compose le tissu cellulaire et les membranes séreuses, qu'au système nerveux organique ? C'est ce qu'il est difficile de décider ; vraisemblablement l'un et l'autre concourent au même résultat, mais le premier semble devoir y prendre plus de part ; c'est dans son étendue qu'ont lieu le plus grand nombre des désordres qui résultent de la suppression subite de la transpiration. Chaque jour il arrive que lorsque cette fonction est particulièrement troublée aux pieds, la sensibilité et la contractilité de la membrane des narines, de celle du pharynx ou de celle des intestins, sont le plus promptement exaltées. De cette disposition résultent les phlegmasies qu'on nomme *rhume*, *coriza*, *angine*. Les dévoiemens et les coliques proviennent souvent de la même cause. La membrane externe des intestins semble prendre part à l'excitation dans ce dernier cas.

L'exhalation est la dernière des fonctions organiques qui s'éteigne lorsque les fonctions animales n'ont plus lieu ; delà proviennent les épanchemens de sérosité qu'on trouve fréquemment sur les cadavres : cependant lorsque ces épanchemens résultent de cette cause, ils sont peu considérables ; les plus fréquens ont lieu dans les ventricules latéraux du cerveau. Les vésicules des plexus choroïdes sont souvent dilatées par une sérosité dont la réunion paroît tenir à la même cause. On a bien fréquemment attribué à ces fluides des maladies qui ne peuvent point leur appartenir : ce qui le prouve, c'est qu'on rencontre de semblables réunions de sérosité dans tous les cas de pathologie, et même chez les personnes mortes en santé.

Nutrition et Accroissement.

La nutrition et l'accroissement sont au nombre des fonctions que nous ne connaissons que par leurs résultats ; nous pouvons distinguer certaines dispositions auxquelles elles s'unissent et suivant lesquelles elles varient; mais aucun moyen ne peut nous mettre à portée de saisir les phénomènes par lesquels ces fonctions s'accomplissent : les lois vitales auxquelles elles sont soumises, peuvent seules nous mettre dans le cas de juger de leur marche insensible. Ces fonctions commencent dans les fluides ; leurs premiers moyens consistent dans la vitalité qu'acquièrent le sang et les autres humeurs ; cette vitalité résulte des principes introduits dans nos vaisseaux par les absorbans : les organes de la digestion et ceux de la respiration concourent ensemble à animaliser ces fluides, de telle manière que le travail le plus essentiel de la nutrition est celui qu'ils éprouvent; c'est leur composition et les divers degrés de vitalité dont ils sont susceptibles, qui décident de leur action sur les solides dans la nutrition.

La vie suppose des relations continuelles entre les corps vivans et les substances avec lesquelles ils sont en rapport ; sa conservation résulte de l'action de ces dernières sur les premiers et de l'animalisation continuelle des substances qui s'unissent à nos fluides et se combinent ensuite avec les solides. La vie est lentement attribuée aux matières qui s'apprêtent à faire partie des corps organiques; la nature de ces matières décide d'abord des premières opérations de l'animalisation : leur quantité, l'élaboration qu'elles reçoivent avant que d'être absorbées, règlent ensuite le rôle qu'elles doivent jouer dans nos humeurs sur la nutrition et l'accroissement.

Peu de causes peuvent troubler les fonctions des organes de la respiration relativement à la nutrition ; une multitude, au contraire, sont dans le cas de porter le désordre dans les organes de la digestion : le trouble des fonctions de la peau, l'exaltation trop vive, ou l'affaiblissement des propriétés des organes abdominaux, provoqués par des causes directes, l'influence des passions et celle des sensations animales non naturelles sur les mêmes organes, sont autant de causes qui peuvent concourir à troubler la digestion, et par conséquent la nutrition sur laquelle celle-ci exerce le plus grand pouvoir. L'introduction des substances délétères, ou *anti-vitales*, est une source abondante de principes destructeurs de la même fonction.

La nutrition diffère de l'accroissement en ce qu'elle est continuelle ; que son besoin existe pendant toute la vie : elle indique d'une part la nécessité où sont les solides de recevoir constamment une excitation qui entretienne leur vie, et des moyens réparateurs des pertes qu'ils font par les changemens perpétuels qui s'opèrent en eux ; changemens que provoque leur exercice, et qui sont indispensables à leur vie. Que deviendraient les solides, si avec le besoin continuel d'être vivifiés, ils n'éprouvaient pas l'influence directe de fluides pourvus de principes vivans, et suffisamment doués de vie pour réparer leurs pertes ? Si chaque humeur n'était appropriée aux solides avec lesquels elle doit être en rapport ? Si chaque système n'était un organe qui concourt à sa manière à l'élaboration des principes communs ? Si les fonctions ne se provoquaient les unes et les autres ? Si les liqueurs glanduleuses et muqueuses n'avaient la propriété de donner les premiers degrés de vie aux substances extérieures ? Si lentement la vie n'était attribuée aux parties organiques ? et si lentement elle n'échappait aux substances qui doivent être rejetées au-dehors ?

La vie est entretenue par un changement continuel qui s'opère dans les parties vivantes, aux dépens des substances organiques qui passent dans son domaine, et joignent aux propriétés vitales des propriétés physiques, sur lesquelles s'établit la vitalité : celle-ci change perpétuellement ; augmente d'abord, s'affaiblit et s'éteint ensuite : elle semble ne pouvoir être le partage des substances que pendant un temps. Il est indispensable après cela, que les fluides et toutes les matières auxquels la vie a été attribuée, rentrent sous la dépendance des lois physiques, ou passent dans d'autres corps vivans pour acquérir le droit de servir à la nutrition des mêmes espèces. Celles-ci se secondent mutuellement dans l'attribution des propriétés qui conviennent aux substances qui doivent servir à la nutrition ; les végétaux et les minéraux concourent alternativement, les uns en faveur des autres à cette fonction ; leurs organes sont disposés de manière à préparer des substances propres à nourrir et à servir eux-mêmes à la nutrition. Les fruits et les plantes sont propres à nourrir les animaux ; les substances animales remplissent le même but pour les espèces qui composent cet ordre des êtres vivans, en même temps qu'elles servent à féconder, à développer, et à pourvoir aux mêmes indications en faveur des végétaux. Les germes et les corps lancés dans la vie, ont entr'eux des rapports très-intimes ; ils se secondent mutuellement pour le but auquel les a destinés la nature : les uns ne cessent d'exister que pour abandonner la vie à d'autres, ou pour la leur conserver ; c'est un enchaînement de moyens qui tous ont pour but la vie, mais qui ne la donnent ou ne la conservent qu'au dépens des corps qui en jouissent, ou des matières inorganiques qui sont susceptibles de l'acquérir, tantôt comme parties nutritives, tantôt comme parties intégrantes et permanentes de quelque système organique.

« En passant par les corps vivans, dit Bichat, » la matière s'y pénètre par intervalle des pro- » priétés vitales qui se trouvent alors unies aux » propriétés physiques. » *Anat. gén., préf.*, p. 57. La nutrition résulte de la vitalité qu'acquièrent ces substances : elle lui est relative. Nous n'aurions jamais d'idée exacte de cette fonction, si nous ne considérions d'une part le rôle que jouent dans son exécution les substances extérieures en raison de leur nature, et celui des fluides vivans et des organes qui agissent sur ces substances pour les *vitaliser*. Ces moyens divers se provoquent mutuellement ; ils decident de leurs opérations communes, par leurs influences réciproques. Les résultats sont proportionnés au pouvoir des uns et des autres : les mêmes substances sont bien digérées dans l'adolescence, et mal dans la vieillesse : les mêmes organes digèrent bien un jour l'aliment qu'ils digèrent mal le lendemain. Une quantité trop considérable de substances trouble la digestion ; une passion trop vive, l'exposition au froid en arrêtent le cours, etc., etc. A quoi cela tient-il ? au changement qui a lieu dans les propriétés des organes, et dans l'excitation différente des substances : d'où il résulte que la digestion et la nutrition sont susceptibles des troubles les plus fréquens, les plus prompts et les plus grands, en raison d'une multitude prodigieuse de causes. Ces troubles divers sont d'autant plus rares, que la vitalité est plus forte, plus générale pour tous les organes, et que les fonctions animales sont plus en rapport avec les fonctions organiques.

La nutrition se confond avec l'accroissement dont elle est le principe : elle semble avoir pour objet une excitation continuelle et une vivification passagère ; tandis que l'accroissement suppose une addition de substances vivantes et permanentes aux substances organiques et solides.

Les désordres de la nutrition sont d'autant moins considérables et moins violens, que les principes combinés à nos humeurs sont moins excitans, et que les causes perturbatrices ont une action moins prompte. Le contraire a lieu lorsque la vitalité du sang et des autres humeurs est augmentée ; lorsque les principes nutritifs surabondent ; lorsque le sang est très-rouge et fort chargé en albumine et en fibrine. Les maladies adynamiques, le scrophule, le carreau, les affections rachitiques et le marasme, tiennent au défaut de vitalité des liqueurs qui contiennent les principes nutritifs. Les phlegmasies, les névroses et les maladies ataxiques proviennent souvent de la surabondance des principes vitaux dans les liqueurs naturelles. Les propriétés vitales des fluides sont faibles et peu excitées, dans le premier cas ; elles sont plus ou moins exaltées et faciles à être troublées, dans le second. La douleur a rarement lieu dans les premières de ces affections, parce que le sang rouge y prend peu de part ; elle est facile et plus ou moins intense dans les dernières, parce que le système artériel est plus ou moins développé pendant leur cours.

L'accroissement a pour objet le développement des organes, des membres et de tous les systèmes organiques ; il diffère de la nutrition en ce qu'il ne dure qu'un temps ; que son cours est limité, et qu'il varie suivant les époques de sa durée : il n'a point lieu aux mêmes intervalles, et avec une activité égale pour chaque organe ; au contraire, sa puissance semble s'exercer en parcourant les organes tour-à-tour, en développant d'abord les uns, ensuite les autres. L'accroissement tient à certaines dispositions des systêmes divers, dont la réunion forme le tissu des organes. Ces dispositions sont telles qu'elles donnent aux solides le besoin d'acquérir de nouvelles substances que leurs propriétés, sont plus ou moins considérables, et l'aggrégation, plus ou moins facile en eux. Chaque organe se développe avec une propension particulière à l'accroissement; cette propension est forte chez les uns, moindre pour d'autres. Les organes destinés à la vie organique, sont les premiers dans lesquels elle se fasse sentir : le système artériel semble jouer les rôles principaux de cette opération; les parties où ce système est d'abord plus développé, sont celles où l'accroissement commence à se manifester. Cette disposition tient essentiellement au rôle que joue le sang rouge sur la sensibilité, et au pouvoir de cette propriété sur la circulation; d'où il résulte que la sensibilité et la contractilité organiques sont d'autant plus fortes, que le sang rouge abonde davantage, et que cette liqueur afflue d'autant plus, que ces propriétés sont plus vives. Le sang artériel étant le véhicule général des principes nutritifs; dès qu'il abonde dans un organe, et que les fonctions de cet organe ne sont pas troublées par son afflux immodéré, l'accroissement est actif, si toutefois il est possible, s'il n'est point achevé : cette opération vitale est toujours subordonnée à la sensibilité et à la contractilité organiques; mais ces propriétés ont un terme qui limite l'époque où l'accroissement cesse. Le parenchyme des organes acquiert des dispositions telles qu'il est de plus en plus sensible jusqu'à certain temps de la vie. Cette sensibilité cesse ensuite d'augmenter; elle diminue continuellement après cette époque. L'intervalle où les propriétés organiques n'augmentent plus, est le terme de l'accroissement. Ces propriétés qui changent sans interruption, s'affaiblissent ensuite : après cette époque la vie fait place à la mort, dont la décrépitude marque de plus en plus l'empire ; la perfide se glisse lentement dans nos organes ; ses coups sont lents, mais ils ne s'arrêtent plus : les organes des sens éprouvent les premiers. Le système artériel subit une révolution contraire à celle de l'accroissement, c'est-à-dire qu'il diminue et s'efface de plus en plus ; son exaltation avait décidé de l'accroissement pendant l'adolescence ; sa diminution et son affaissement deviennent causes de la décrépitude pendant la vieillesse. Les solides organiques se condensent de plus en plus, et le principe d'ossification devient le plus puissant ; les cartilages, les artères, le cœur même et les parties ligamenteuses des articulations s'ossifient ; les muscles volontaires, dont le mouvement était facile et fréquent chez l'enfant, ne se contractent qu'avec peine ; leurs mouvemens se ralentissent chaque jour.

Il ne faut point confondre l'augmentation de volume qui tient à un état pathologique avec le développement naturel des organes. La première de ces dispositions est une cause de trouble des fonctions de l'une et de l'autre vie : la seconde détermine ces fonctions, et décide de leur activité. Dans ce cas il y a désordre dans le rôle que joue le système artériel, qui est tantôt trop développé, d'autrefois presque effacé. Dans le second cas, au contraire, le développement est naturel ; il est dû à l'influence lente et progressive du système à sang rouge, qui a multiplié ses ramifications, au point de donner une vitalite qui comprend tous les tissus de l'organe, et qui les met dans le cas d'exercer avec vigueur les fonctions auxquelles ces tissus sont destinés. Les tempéramens varient suivant cette dernière disposition, et les maladies, en raison des deux circonstances différentes de la première. Dans un cas elles sont adynamiques; les propriétés organiques sont affoiblies : dans le cas contraire, elles sont inflammatoires, et les mêmes propriétés sont plus ou moins développées.

Des Ages ou Révolutions qui ont lieu dans les fonctions organiques et animales pendant la vie.

La sensibilité, attribut de tous les corps vivans, résulte de l'influence qu'exercent sur ces derniers les matières avec lesquelles ils sont en rapport, et sur-tout les principes essentiels de la nature, tels que le calorique, l'oxigène, la lumière, etc. Cette propriété détermine des changemens continuels dans les corps vivans; ces changemens en opèrent à leur tour sur la sensibilité : d'où il résulte que, depuis la naissance jusqu'à la mort, il s'opère en nous un mouvement et des changemens non interrompus qui varient en raison de ces substances.

La nature, en établissant les lois physiques et les lois vitales, posa les fondemens sur lesquels repose le destin de la vie. Chaque germe porte avec lui l'ordre des destinées qu'il peut parcourir. Le premier degré de sensibilité qu'il possède est la source de la sensibilité qu'il va obtenir : c'est ainsi que, jusqu'à la fin de la plus longue existence, l'état présent décide toujours de l'état prochain. La sensibilité détermine les corps qui vivent. A agir sur les corps inorganiques : ceux-ci abandonnent aux lois vitales des matières qui, en s'unissant aux parties vivantes, changent ou provoquent leur sensibilité et toutes leurs propriétés. Ces matières développent ces facultés pendant

pendant les premiers âges, et les individus s'accroissent en même temps que les propriétés organiques et animales se développent.

Le pouvoir des parties vivantes va en augmentant jusqu'à certaine époque; il se fortifie par l'action qu'il tient des substances qu'il enlève aux propriétés physiques; il s'accroît de plus en plus, à mesure que les organes se fortifient, acquièrent plus d'étendue, et sur-tout en raison du développement des artères, de la quantité du sang et des propriétés de cette liqueur.

Les germes semblent d'abord avoir la nature des fluides à leur premier développement; les solides résultent ensuite des combinaisons de ces fluides, ou de la consistance qu'acquièrent les parenchymes essentiels : ces diverses parties agissent bientôt les unes sur les autres. La contractilité est d'abord une espèce d'oscillation fort légère; elle augmente de plus en plus, à mesure que les systèmes divers approchent davantage de l'époque de la naissance; chaque parenchyme marche, mais d'un pas inégal, vers le caractère qu'il doit avoir pendant la vie. Les organes se prononcent enfin, et les fonctions auxquelles ils sont destinés, approchent de plus en plus de leur exécution; le cœur, les artères, les nerfs et leurs centres, les organes de la digestion et ceux de la respiration se prononcent. Le système artériel se développe de plus en plus, mais ses distributions sont inégales : tantôt les viscères de la poitrine en reçoivent davantage; tantôt ceux de l'abdomen en contiennent une quantité plus grande, relativement à leurs besoins. Cette disposition devient la cause principale des changemens qu'on remarque ensuite entre les individus; changemens d'où proviennent les tempéramens.

Le développement des organes, déterminé par la sensibilité et la contractilité organiques, est relatif au rôle que joue le système artériel. Les organes qui doivent exécuter les premières fonctions de la vie se développent les premiers ; le foie et les viscères de la digestion tiennent le premier rang ; les poumons viennent ensuite. La sensibilité du fœtus et celle de la matrice vont en augmentant jusqu'à ce que l'enfant devienne pour l'organe qui le renferme, un corps qu'il ne peut plus contenir, et qu'il est provoqué de rejeter.

La naissance est l'époque d'une grande révolution. Le sang qui n'était poussé qu'en petite quantité dans les poumons, parcourt ces organes, en sortant du système veineux : il ne revient dans l'oreillette et le ventricule gauches du cœur, qu'après avoir éprouvé l'opération la plus indispensable à la vie ; c'est-à-dire l'oxigénation ou la coloration en rouge, du sang veineux. L'ouverture qui permettait au sang de passer de l'oreillette droite dans la gauche, est subitement fermée, et le ventricule droit qui pousse le sang dans les poumons, reçoit et lance dans ces viscères tout celui qui provient du système veineux ; le sang rouge n'agit plus sur la sensibilité comme le sang noir, et toutes les fonctions acquièrent par son influence une activité nouvelle; la sensibilité organique augmente sans cesse ; la sensibilité animale commence à se manifester; les muscles volontaires éprouvent les premiers l'influence cérébrale ; les membres se meuvent ; l'enfant crie, s'agite et pleure.

Dans la première enfance, le système musculaire et le cellulaire reçoivent beaucoup de sang ; aussi ces systèmes se développent-ils avec activité ; les membres grandissent beaucoup ; le tissu sous-cutané semble boursouflé : l'appareil muqueux occupe ensuite la force vitale, qui est chargée de l'accroissement : la vue, l'ouïe, l'odorat, le tact et le goût ne se perfectionnent qu'après que la vie organique a employé à l'accroissement général, et sur-tout à celui des membres, ses moyens vivificateurs : les organes de la digestion acquièrent de plus en plus d'activité ; l'achèvement de la seconde dentition les met dans le cas de remplir mieux leurs fonctions, par la force de la mastication, et par celle de la première opération de la digestion qui se passe dans la bouche, sous l'influence de la salive, c'est-à-dire, la mixtion des alimens à cette liqueur.

Jusqu'à l'âge de vingt ans environ, les membres, tous les organes de la vie organique, et sur-tout ceux de la respiration, occupent davantage les principes vivificateurs, que les organes de la vie animale. A cette époque l'accroissement en longueur est terminé, ou il est près à l'être : le sang qui était employé à cette opération, n'est plus également provoqué dans les extrémités, et il devient abondant dans les organes internes ; ceux de l'abdomen en occupent une grande quantité, ce qui ajoute plus ou moins à toutes leurs propriétés. Cette quantité est moindre, si le tempérament est sanguin, c'est-à-dire, si les organes pectoraux ont une vitalité naturellement prépondérante sur les organes abdominaux : dans ce cas le sang afflue davantage dans les viscères de la respiration, que dans ceux de la digestion. Ces phénomènes sont des conséquences du principe qui préside à la circulation et à toutes les fonctions organiques ; c'est-à-dire les rapports qui ont lieu entre le sang artériel et la sensibilité organiques ; rapports qui font que le sang afflue là où la sensibilité est plus exaltée, et que les propriétés organiques et animales augmentent en raison de la quantité de sang rouge que contiennent les organes.

L'époque où les organes intérieurs reçoivent plus de sang, où ils acquièrent plus de vitalité et un nouveau développement, est remarquable par les phénomènes qui l'accompagnent. Si les organes pectoraux ont une vitalité dominante, le tissu cellulaire, les muscles volontaires et la peau éprouvent un développement plus ou moins considérable. Ce développement n'a point lieu suivant la longueur du corps, il n'ajoute point à la grandeur des membres ; mais il se fait latéralement ; il détermine la grosseur, l'embonpoint, l'état pléthorique. La coloration des joues sont encore proportionnés à la pléthore pectorale. Au contraire si les organes de la digestion l'emportent par leur vitalité, le sang devient à cette époque, abondant dans l'abdomen ; le système de la veine porte en admet et en conduit beaucoup au foie ; les fonctions de cet organe sont augmentées ; la bile devient plus abondante et plus excitante ; les propriétés organiques et animales des intestins sont exaltées ; tout le système glandulo-muqueux éprouve une vitalité nouvelle ; les liqueurs excrétées sont plus abondantes, et leur action plus forte. La contractilité insensible et sensible s'exerce avec activité dans le ventre.

Quant aux phénomènes qui accompagnent cette révolution, qui a lieu dans l'abdomen, ils sont absolument opposés à ceux qu'on remarque lorsque le tempérament est sanguin ; les membres restent grêles ; la peau est peu colorée ou jaunâtre ; les yeux sont animés ; la figure vive ; mais les pommettes sont peu rouges ; les lèvres sont moins colorées ; la peau est ordinairement moins molle, moins douce que chez les tempéramens sanguins.

Cet âge est encore l'époque d'une grande révolution sur les fonctions de la vie animale. Lorsque le tempérament est *pectoral* ou sanguin ; la vie intellectuelle change peu ; elle ne se développe point, et ne se perfectionne guère plus ;

les muscles volontaires ont plus de force que d'activité, la sensibilité animale n'est pas fortement prononcée, ni facile à émouvoir; l'imagination est moins active; les passions sont moins vives; le rire est facile, l'amour de la gloire, l'ambition, les grandes actions ne signalent point les tempéramens sanguins; la joie, le plaisir, la bonne chère et la mollesse ont plus d'empire sur eux. Quelle différence entre ce caractère et celui des tempéramens bilieux et nerveux! Activité des muscles volontaires; passions impétueuses; besoin de se faire remarquer; regard vif, souvent sombre et farouche; les paroles sont rares; le rire difficile à provoquer; le penchant pour les plaisirs bruyans est faible; la jalousie, la haine, la vengeance, le goût du despotisme se développent aisément; l'aptitude aux sciences et à la méditation se font remarquer; les excès en tous genres sont faciles. Les individus de ce tempérament sont plutôt séduits que vaincus.

Ces diverses dispositions qui caractérisent d'une part le tempérament sanguin, et de l'autre, le bilieux et le nerveux, se modifient fréquemment à l'âge où elles se développent; c'est-à-dire, à la première époque de la virilité. Souvent il arrive que les organes abdominaux et les pectoraux ont ensemble beaucoup ou peu de vigueur; alors les signes appartenant à l'exaltation ou à la faiblesse des propriétés de ces organes se manifestent avec des dispositions relatives à ces propriétés, dont ils sont les effets sympathiques. Dans tous les cas les tempéramens varient en raison de la vitalité ou de l'exaltation des propriétés organiques et animales des organes abdominaux et des organes pectoraux.

A quoi tiennent les phénomènes qui, pendant la première époque de la virilité, se rapportent aux révolutions qui ont lieu dans les organes internes? Dépendent-ils des changemens qu'éprouvent toutes les parties organiques ? ou bien résultent-ils de l'influence sympathique des organes abdominaux et pectoraux sur toutes les parties du corps ? Pourquoi les maladies ataxiques et nerveuses sont-elles fréquentes et très-vives dans les tempéramens bilieux et nerveux, tandis que les maladies inflammatoires et les phlegmasies pectorales sont les plus particulières aux tempéramens sanguins ? La solution de ces questions tient au même principe ; elle est une conséquence des lois vitales ; elle consiste dans les rapports sympathiques du système des ganglions, de l'artériel, des nerfs internes des intestins et de l'appareil glandulo-muqueux et des organes animaux.

L'expérience nous démontre que toutes les parties du système des ganglions communiquent entr'elles ; que l'excitation de l'une tend à se communiquer à toutes ; que les organes auxquels ce système fournit un grand nombre de branches, sont ceux qui sont le plutôt et le plus vivement troublés par les excitations éloignées, quel qu'en soit le siége ; que les excitations de la membrane muqueuse des intestins, lorsqu'elles sont très-vives, ou quand cette membrane est phlogosée, ne causent point de douleur, mais le trouble des fonctions animales ; que le mode particulier de relation cérébrale des nerfs de cette membrane c'est de transmettre les sensations qu'ils éprouvent au centre de la vie animale, sans que nous puissions les connaître ni les juger ; que l'exaltation des propriétés organiques et animales de la muqueuse intestinale est en rapport avec les désordres des fonctions des organes de l'abdomen ; désordres qui peuvent causer cette exaltation, ou en provenir, mais qui jamais ne peuvent exister sans elle, et sans entraîner le trouble des fonctions cérébrales. Enfin l'expérience nous apprend que la vitalité des organes abdominaux est toujours en rapport aux fonctions cérébrales et à leurs troubles ; que les ganglions reçoivent peu du sang jusqu'à l'époque où la vie animale éprouve la révolution dont nous parlons ; c'est-à-dire, avant que l'accroissement soit terminé ; qu'à cette époque ils en reçoivent davantage ; que cette disposition va en augmentant ensuite. « A mesure que nous nous éloignons de » l'enfance, dit Bichat, le système organique » commence à devenir prédominant. C'est vers la » trentième ou quarantième année qu'il paraît » être dans son maximum d'action ; il va en dimi- » nuant à mesure qu'on s'avance vers la vieillesse, » il se flétrit en partie, à cette époque les né- » vroses qui paraissent lui appartenir, sont infi- » niment plus rares, etc. » *Anat. gén.*, *vol. I.er*, *pag.* 331. En faisant l'application des lois vitales à ces faits divers, nous devons conclure : 1.° que le développement du système artériel dans les organes abdominaux décide de la vivacité de leurs propriétés organiques et animales : 2.° que ces organes, au nombre desquels sont les ganglions, ont des relations très-étendues avec toutes les parties du corps, vu qu'ils sont le point de réunion de tout le système organique : 3.° que ce système présidant à la sensibilité et à la contractilité organiques, et décidant par conséquent de la vitalité générale, peut porter l'excitation, et provoquer la sensibilité de tous les organes lorsque son centre éprouve une exaltation particulière : 4.° que les nerfs internes des intestins, qui sont très-répandus, jouent un rôle d'autant plus remarquable sur la sensibilité organique et sur la sensibilité animale, que la bile est plus abondante, plus colorée, et que le système capillaire est plus développé dans cette tunique : 5.° que les propriétés des organes de la vie animale sont relatives à celles de ces nerfs ; que c'est par le moyen de ceux-ci, que la bile agit sur ces propriétés, et par suite de leurs relations réciproques, qu'elle trouble les organes de la vie animale pendant les névroses, dont le siége se trouve dans les intestins : 6.° que la différence qui existe entre les tempéramens sanguins, les bilieux et les nerveux, provient de celle qui a lieu entre les propriétés des organes de la poitrine et ceux de l'abdomen.

Les nerfs des membranes muqueuses aériennes ne jouant point sur la sensibilité le même rôle que ceux des intestins, n'étant point comme ces derniers exposés à des causes continuelles d'excitation naturelles ou accidentelles, les nerfs pectoraux n'éprouvent qu'une excitation modérée et uniforme, la phlogose de la membrane muqueuse des bronches n'étant point exposée comme celle de la muqueuse intestinale à des excitations fréquentes et plus ou moins vives ; (d'où résulte, non la douleur, mais les signes ataxiques.) Les organes de la poitrine enfin différant essentiellement par toutes leurs fonctions de ceux de l'abdomen, nous devons conclure que les phénomènes qui appartiennent aux tempéramens bilieux et nerveux résultent de l'action sympathique des nerfs de l'abdomen, et que ceux qui ont lieu dans les tempéramens sanguins, proviennent également du rôle que jouent les nerfs pectoraux.

« Les ganglions, dit Bichat, diffèrent essentiellement du cerveau, dans les premiers temps, » par leur développement, qui est proportionnellement bien moins avancé que le sien ; ils ne » sont qu'au niveau de tous les autres organes, » tandis que le cerveau leur est infiniment supérieur sous ce rapport. » *Anat. gén.*, *vol. I.er*, *pag.* 230. Il résulte de toutes ces observations, que le système des ganglions joue sur la sensibilité animale un rôle qui n'est point attribué au système cérébral; que ce dernier est fort développé à l'époque où la sensibilité animale l'est peu; que c'est pendant l'intervalle où le système des ganglions acquiert, ainsi que tous les organes abdominaux, une vitalité très-forte, que toutes les propriétés organiques et animales sont plus considérables : qu'après l'âge de quarante ans, ce système n'acquiert plus de vitalité, mais qu'il se flétrit, qu'à cette époque, la vigueur s'affaiblit, et qu'elle s'éteint en même temps que les ganglions deviennent plus durs et reçoivent moins de sang.

Les nerfs organiques règlent donc les propriétés et les fonctions des organes; ceux des sens se perfectionnent à l'époque où les ganglions se développent; ils se flétrissent et s'éteignent avec ces corps. « Les ganglions, dit Bichat, reçoivent » aussi dans le fœtus moins de vaisseaux proportionnellement au cerveau... Ceux qui fournissent » aux organes génitaux sont presque oubliés pendant les premières années de la nutrition générale. » *Anat. gén., vol. I.er, pag.* 230. Les changemens qui ont lieu dans les ganglions semblent être, dans tous les temps de la vie, la cause générale des phénomènes qui appartiennent à la sensibilité et qui en déterminent les phases diverses.

A l'âge de quarante-cinq à cinquante ans environ, les organes des sens perdent de leur sensibilité, leurs fonctions s'affaiblissent, la peau se flétrit, les membranes diminuent, les muscles volontaires perdent de leur volume et de leurs forces, le sang n'est plus également provoqué dans les extrémités et il reflue dans les organes internes; ceux de l'abdomen sont toujours, par leur position, leurs fonctions et leur nature, disposés à en recevoir une grande quantité; dès lors leur vitalité augmente, la sensibilité et la contractilité acquièrent plus de force dans cette région ; delà provient l'accroissement de l'appétit, l'excrétion plus abondante de la bile et des autres fluides muqueux, et la constipation, qui, ainsi que l'ont remarqué Dessault et Bichat, est presque habituelle au vieillard. La suppression des règles chez la femme paraît tenir à la même cause, c'est-à-dire, à l'augmentation de la sensibilité des organes génitaux : aussi à cette époque les desirs vénériens augmentent-ils ; ils s'éveillent de même chez l'homme, mais plus tard.

A soixante ans la vitalité des organes muqueux de l'abdomen a gagné ce que les organes des sens ont perdu de sensibilité ; le vieillard croit rajeunir, ses organes génitaux éprouvent une nouvelle ardeur, et il n'est point rare de voir l'homme plus amoureux à cet âge qu'auparavant. Ce que le premier organe de la digestion, la bouche, perd par la chute des dents, l'estomac et les intestins le gagnent par l'accroissement de leur sensibilité et de leur contractilité ; la digestion seconde l'appétit, mais elle n'est plus aussi parfaite ; le second augmente souvent pendant que la première se fait mal. Cette révolution abdominale va en augmentant à mesure que la vitalité des membres et des organes des sens s'affaiblit ; le sang artériel est toujours l'agent principal de cette marche naturelle ; il détermine de plus en plus l'exaltation des propriétés abdominales, et opère dans l'abdomen un état de phlogose d'autant plus considérable, que les organes extérieurs reçoivent moins de sang qu'auparavant.

Si nous examinons les révolutions de la vie animale pendant l'âge viril et la vieillesse, nous voyons qu'elles se rapportent au rôle que joue le système artériel dans l'affaiblissement des organes des sens et des membres, ainsi qu'au reflux du sang dans les viscères internes à l'époque de l'exaltation des propriétés des organes de la digestion : l'affluence de cette liqueur est relative dans les organes intérieurs à sa rareté progressive dans les parties extérieures.

Les ganglions se flétrissent à l'époque où les facultés intellectuelles diminuent ; mais tous les viscères de la digestion et les organes génitaux éprouvent une sensibilité d'autant plus vive, que le sang abonde davantage dans leurs vaisseaux. La sensibilité intérieure augmente en raison du développement du système capillaire de la muqueuse intestinale, de la pléthore du système de la veine porte et des changemens qu'éprouve la bile dans sa quantité et sa nature. Les tremblemens des membres, les convulsions cloniques deviennent fréquens, lorsque l'âge de décrépitude donne lieu à ces reflux du sang dans la région abdominale ; la crainte, l'inquiétude, la méfiance, l'avarice, augmentent ou se manifestent à cette époque ; la figure se crispe ; le silence est produit par une disposition *atrabilaire ;* la peau et tous les organes extérieurs perdent de plus en plus leur sensibilité, mais les organes internes en acquièrent une plus forte. De cette disproportion naissent les désordres de la vie animale pendant la vieillesse.

Le vieillard ne peut point justifier, par ses sens et par son jugement affaiblis, les sentimens fatiguans qui se développent en lui ; son imagination et son esprit sont troublés par des excitations constantes, plus ou moins vives, ayant leur siége dans l'abdomen. C'est alors que l'homme manque de confiance en tout ce qui l'approche : sa mémoire s'affaiblit de plus en plus, et la nature le dédommage, dans sa dernière décrépitude, en lui enlevant des souvenirs qui lui feraient juger des changemens qu'il a éprouvés d'une manière défavorable à son état présent ; il ne vit point dans le sentiment du passé ; sa faiblesse et ses infirmités ne l'occupent que de l'avenir, qu'il mesure toujours avantageusement pour la prolongation de sa vie. Delà vient encore l'accroissement de son avarice; il sent qu'il ne peut plus acquérir, et il a de plus en plus du penchant pour la conservation; il est égoïste, parce que chaque jour la nature l'isole davantage de la société. Les propriétés organiques et animales éprouvent ensemble la décrépitude; celles des viscères, qui sont indispensables à l'une et à l'autre vie, celles des organes d'où le système des ganglions retire les forces qui provoquent sympathiquement toutes les parties du corps, meurent les dernières.

L'examen des maladies qui affectent les divers âges et les tempéramens, concourt encore à nous démontrer, par la conformité des résultats, les principes essentiels de la vie, et à confirmer les propriétés que nous avons attribuées aux systèmes organiques et aux humeurs qui circulent en nous. Le scrophule, le carreau, qui affectent l'enfance et qui consistent dans l'affaiblissement des propriétés organiques des viscères de l'abdomen, ont lieu dans l'âge où ces propriétés sont peu développées. Les convulsions, qui sont fréquentes au même âge et qui dépendent de l'irritation des nerfs internes des intestins par les vers, ont lieu à l'époque où les muscles volontaires sont presque les seuls organes soumis aux nerfs cérébraux qui se développent avec activité et qui jouissent de certaine vitalité. Les maladies nerveuses et ataxiques sont fréquentes à l'âge où les organes abdominaux ont plus de vitalité et chez les tempéramens bilieux et nerveux, dans lesquels ces organes ont une vigueur plus ou moins forte. Les phlegmasies pectorales sont communes aux tempéramens sanguins et à l'âge où les organes pectoraux jouissent de beaucoup de vitalité. Les maladies inflammatoires sont celles qui affectent fréquemment les organes des sens pendant qu'ils sont dans leur vigueur ; les affections adynamiques sont leur partage, quand ils se flétrissent. Toutes les causes qui exaltent vivement les propriétés des organes muqueux de l'abdomen et qui augmentent leurs fonctions, sont accompagnées du désordre d'une ou de plusieurs fonctions animales. L'apoplexie, l'épilepsie, etc., dont l'autopsie cadavérique offre la cause principale dans les intestins, sont en rapport avec l'état pléthorique et avec la force des muscles volontaires; la première est fréquente dans les tempéramens très-pléthoriques dans toutes les circonstances où le sang abonde dans les organes intérieurs ; la seconde a particulièrement lieu dans les constitutions musculaires et à l'âge où les muscles volontaires sont dans leurs plus grands degrés de force. Les affections nerveuses et ataxiques sont très-fréquentes à la première vieillesse : époque où le sang refluant dans les organes intérieurs exalte leurs propriétés, et sur-tout celles des viscères de la digestion, et par conséquent du système des ganglions. La sensibilité interne continue d'augmenter en raison de ce que le sang s'éloigne davantage des organes extérieurs, et les maladies inflammatoires sont fréquentes dans les viscères, à la dernière vieillesse ; elles sont souvent les causes cachées de la mort à cette époque de la vie, où elles sont peu vives, mais où elles semblent s'établir lentement. Rien de plus fréquent dans les ouvertures de cadavres des vieillards, que les phlegmasies internes, soit des membranes séreuses, soit des membranes muqueuses, quoiqu'aucun signe violent ne les eût indiquées avant la mort : le scalpel a seul le droit de les faire connaître dans beaucoup de cas. Les poumons en sont assez fréquemment le siége.

A la dernière vieillesse, les petits vaisseaux des membres et de la peau ne reçoivent presque plus de sang ; cette liqueur, refluant dans les gros troncs, dilate fréquemment la crosse de l'aorte ; elle se réfugie, pour ainsi dire, dans les capillaires internes qu'elle engorge : le désordre qui en résulte à cette époque sur la sensibilité, est peu considérable, mais il suffit souvent pour achever de détruire les restes de la vie.

Les épanchemens sanguins sont d'autant plus fréquens dans le cerveau, que cet organe est assailli par une plus grande quantité de sang ; les paralysies en sont la suite ordinaire, aussi ont-elles particulièrement lieu chez les vieillards ; elles proviennent souvent de l'excitation sympathique des nerfs internes des intestins, et cette excitation est fréquemment le résultat des phlogoses que détermine la bile, ainsi qu'on en acquiert la preuve dans l'autopsie cadavérique des personnes mortes pendant les affections apoplectiques.

Le cerveau n'éprouve que des excitations sympathiques dans l'état naturel ; il est isolé des causes excitantes qui proviennent du dehors : le sang et les nerfs peuvent seuls agir sur la sensibilité de cet organe : les troubles provenant des nerfs sont les résultats d'excitations éloignées ; ceux qui sont causés par le sang tiennent à la pléthore générale en un cas, à la pléthore des organes internes seulement dans un autre cas. Dans cette dernière circonstance, les organes abdominaux sont toujours dans un état d'excitation plus considérable que celui des organes cérébraux, puisqu'il est vrai que les causes excitantes se multiplient continuellement davantage en eux par les désordres de la bile et des autres liqueurs muqueuses dont l'altération devient une cause d'excitation plus ou moins vive. Les matières avalées et les vers sont encore des causes fréquentes d'apoplexie sympathique.

Les désordres s'accroissent dans l'abdomen avec activité ; ils y sont déterminés par des causes qui n'ont point lieu dans le cerveau : ceux de cet organe paroissent tenir leurs progrès principaux de l'excitation sympathique des nerfs internes des intestins. Pourquoi trouve-t-on constamment ces viscères affectés de phlogose dans quelque partie de leur tunique muqueuse sur les cadavres des personnes mortes dans les maladies apoplectiques ? C'est toujours dans ces viscères et dans les fonctions du foie que paraissent commencer les troubles essentiels ou les causes premières de ces maladies.

Si les symptômes d'apoplexie ne sont pas aussi fréquemment accompagnés d'ataxie et ne sont pas aussi forts chez les vieillards que chez les jeunes gens, c'est parce que la sensibilité n'est point la même à ces deux époques de la vie, que les ganglions, qui vraisemblablement prennent beaucoup de part aux lésions des nerfs internes des intestins, ne les ressentent plus aussi vivement, et que le cerveau lui-même n'y est plus aussi sensible. D'ailleurs dans la dernière vieillesse, à l'âge où l'homme déraisonne facilement ou continuellement, les réseaux artériels sont tellement développés au-dedans des intestins, que leur surface interne semble dans un état catarral. Une semblable disposition causerait chez le jeune homme des troubles violens dans toutes les fonctions animales, parce que tous les organes cérébraux sont à cet âge dans le cas de sentir vivement ; mais à la fin de la vie, la sensibilité est trop faible pour que ces organes puissent éprouver des sensations violentes et déterminer des symptômes semblables à ceux qui ont lieu dans l'adolescence.

La sensibilité parcourt donc deux états contraires pendant la vie ; elle augmente dans le premier, elle diminue de plus en plus dans le second : quelles que soient les excitations qu'éprouve le vieillard, quels que soient les degrés de phlogose qui affectent ses organes, la sensibilité ne peut y être vivement développée ; aucun tissu ne l'éprouve avec intensité, aucun sytème ne peut ressentir ni causer les désordres dont il était susceptible à un autre âge. Voilà pourquoi les phlegmasies ne sont presque pas douloureuses à la dernière extrémité de la vie ; c'est vraisemblablement d'après cette cause qu'on en trouve si fréquemment sur les cadavres des vieillards, quoiqu'ils ne s'en fussent pas plaint, et que le pouls n'eût pas eu un caractère vraiment inflammatoire avant la mort.

Toutes les révolutions de la vie, depuis la naissance jusqu'à la mort, tiennent donc essentiellement aux troubles qui ont lieu dans les propriétés organiques : celles-ci sont relatives à deux dispositions essentielles ; la première consiste dans le pouvoir qu'a chaque système et chaque tissu organique d'acquérir un degré de sensibilité déterminé pour chacun, et de devenir ensuite tous les jours moins sensible ; la deuxième a pour objet l'influence que peut exercer le sang rouge, et le système artériel par son développement sur la sensibilité, sur la contractilité et sur toutes les propriétés animales ou organiques : ces deux dispositions sont en rapport dans tous les âges ; elles décident alternativement de leurs pouvoirs réciproques. La vivacité et la fréquence des inflammations sont proportionnées à la susceptibilité, et les symptômes qui proviennent de ces affections sont relatifs à l'âge, au tempérament, c'est-à-dire, aux dispositions organiques qui décident de la sensibilité aux diverses époques de la vie. La théorie des âges, ou l'histoire des révolutions que nous devons parcourir, repose essentiellement sur ces principes, qui en font la base inébranlable.

Secrétion, Excrétion.

Le sang est composé de diverses parties qui ont ensemble certains rapports par lesquels elles sont unies ;

unies; mais ces parties diverses sont susceptibles d'isolement et de compositions différentes, en raison des disproportions qui ont lieu entre leurs combinaisons, et en raison des vaisseaux qui les reçoivent. Ces premières opérations sont celles qu'on attribue aux divers systèmes de capillaires qui communiquent avec les réseaux artériels; ces vaisseaux se confondent ensuite dans des organes dont nous ne connaissons pas la structure : ces organes qu'on nomme glandes varient autant pour le volume que pour la forme ; les unes sont si petites, que nous ne pouvons les distinguer sans moyens physiques; les autres sont plus ou moins considérables : le foie est la plus grosse de toutes. De ces glandes, les unes fournissent une liqueur qui est déposée dans des membranes par des conduits particuliers, d'autres communiquent entre elles par une espèce de vaisseaux qu'on nomme lymphatiques : delà proviennent les dénominations de glandes muqueuses et de glandes lymphatiques.

L'exhalation, l'absorption, les secrétions, les excrétions, proviennent de ces différentes espèces de vaisseaux; les liqueurs plus simples semblent résulter des systèmes les plus simples ; les liqueurs plus composées paraissent appartenir aux organes glanduleux, qui sont les plus composés ; mais telle est la structure, la ténuité et la complication des systèmes capillaires, que nous ne pouvons avoir sur leurs dispositions particulières que des données incertaines et conjecturales : nous connaissons les résultats, mais nous ignorons par quels moyens ils sont produits, ne pouvant justifier par nos expériences, nos présomptions sur les propriétés du plus grand nombre des systèmes capillaires.

Les fonctions des systèmes divers qui résultent des combinaisons des capillaires paraissent varier en raison des propriétés de ces vaisseaux, c'est-à-dire, de leur sensibilité et de leur contractilité. Les liqueurs glanduleuses, par exemple, subissent des changemens fréquens, soit dans leur quantité, soit dans leurs propriétés apparentes. La bile, le sperme, la salive, les larmes, le fluide produit par les reins, le mucus exhalé sur les membranes muqueuses, etc., présentent des dispositions relatives aux propriétés des organes d'où ils proviennent; ces propriétés semblent avoir de grands rapports avec les sensations douloureuses et avec les passions; c'est-à-dire que la douleur et les passions violentes impriment au système muqueux, suivant leur nature, une action différente et plus ou moins vive. La douleur et le chagrin agissent sur les glandes lacrymales; la colère, sur les salivaires; l'appétit, sur toute la bouche: toutes les passions sérieuses paraissent agir sur le foie; le pancréas a peut-être plus de rapport encore avec l'inquiétude; ce qui me porte à le présumer, c'est que huit fois environ j'ai trouvé cette glande enflammée, et chaque fois j'ai cru remarquer que l'inflammation qui paraissait provenir de la tunique interne du duodenum, avait été accompagnée d'un délire inquiet. Les passions amoureuses agissent sur les glandes et sur les membranes muqueuses des organes génitaux, ainsi que sur les mamelles. Nous ignorons quels sont les rapports des reins et ceux de la rate avec les opérations de la vie animale.

Les liqueurs muqueuses varient en raison de ce que les maladies sont inflammatoires ou adynamiques. Le mucus de l'estomac et des intestins devient d'abord glaireux dans les affections adynamiques; cette disposition change quand les propriétés organiques s'éteignent de plus en plus; alors les membranes muqueuses prennent l'aspect des membranes séreuses; elles sont plus transparentes, et les liqueurs exhalées sur leur surface, presque séreuses. Les déjections très-claires qui ont lieu par l'anus dans les maladies adynamiques chroniques, sont souvent entretenues par cette affection ; l'autopsie cadavérique, en pareil cas, apprend que la muqueuse intestinale ne contient presque plus de sang ; que les vaisseaux rouges y sont fort rares ; que les valvules sont effacées, et que cette membrane est souvent infiltrée, surtout dans le cœcum et le colon ascendant.

Les propriétés des glandes varient aussi pendant les fièvres ataxiques ; le foie a peu de consistance, sa couleur est plus brune dans la première époque de cette maladie ; elle offre un jaune pâle à une époque plus éloignée. Cette glande est ferme au contraire, et peu colorée dans les maladies adynamiques ; sa substance *crie* lorsqu'on la coupe ou qu'on la déchire. Le foie est *gras*, dit-on, quand il graisse les scalpels qu'on y plonge ; mais je n'ai point pu déterminer encore en quel cas cette disposition a lieu ; elle ne paraît point, comme on l'a prétendu, particulière à la phthisie pulmonaire. Seulement le foie semble fréquemment volumineux dans cette maladie ; il est peu consistant, et la bile abonde souvent dans la vésicule ; sa couleur est un vert de pré ; elle est bien glaireuse et transparente. Telles sont au moins les remarques que j'ai cru faire sur un grand nombre de phthisiques dont j'ai ouvert les cadavres. Ce désordre de l'organe biliaire m'a paru provenir de l'éloignement progressif du sang des poumons, de la peau et des membres pendant le cours de cette fatale maladie, et du reflux de cette liqueur dans les viscères de l'abdomen ; ce qui détermine souvent des fièvres bilieuses et ataxiques, pendant le cours desquelles la mort a fréquemment lieu.

La prostate est une des glandes dont les fonctions sont susceptibles des plus grands désordres ;

ces désordres dépendent toujours d'une affection locale, et de l'exaltation des propriétés organiques de ce corps : les écoulemens de matières blanchâtres et puriformes qui ont lieu par l'urètre sont presque toujours produits par le trouble des propriétés de cette glande, ainsi que le démontre l'autopsie cadavérique.

Secrétion des Urines.

La secrétion de l'urine est une des fonctions sur lesquelles nous ayions eu les idées les plus inexactes pendant long-temps. Bichat changea peu aux opinions admises sur cette fonction, mais sa division des membranes en muqueuses et séreuses concourut à entretenir l'erreur sur les opérations d'où elle résulte : cette division fut digne du génie de Bichat, mais ce savant philosophe n'eut jamais l'idée d'asservir la nature à des divisions exactes. Tout se confond dans le gouvernement naturel, et les membranes muqueuses se rapprochent, sous quelques rapports, des séreuses. L'œsophage nous en fournit une preuve ; la membrane interne des trompes de Falope nous en donne une seconde, et les bassinets, une troisième. La membrane de l'œsophage diffère essentiellement de celle de l'estomac ; celle-ci n'est point la même que celle de la partie inférieure du rectum : cette dernière n'est point semblable à celle de l'urètre, et celle-ci n'offre point le même aspect que celle du palais, laquelle diffère beaucoup de la membrane qui tapisse l'entrée du vagin. Bichat reconnut un système muqueux ; mais ceux qui ont voulu suivre ses divisions sans partager l'esprit physiologique de leur maître, ont pensé que ce système était parfaitement distinct de tous les autres ; ils n'ont pas fait attention que les divisions, en choses naturelles, ne sont jamais rigoureuses ; que la nature confond plus ou moins lentement toutes ses opérations. « Les esprits ordinaires, dit ce célèbre anatomiste, s'arrêtent » dans les livres aux faits isolés qu'ils présentent; » ils n'embrassent pas d'un seul coup-d'œil l'ensemble des principes suivant lesquels il est » écrit. » *Anat. gén.*, *Préface*, *pag. lij.* Bichat plaça au nombre des membranes muqueuses, une membrane particulière, une membrane mixte, mais qui a plus de rapport aux membranes séreuses qu'aux muqueuses, c'est celle des bassinets; cette membrane exhale pendant la vie une quantité considérable de sérosité qui coule dans les uretères avec un mucus provenant des mamelons des reins, et compose une liqueur sur laquelle les absorbans de la vessie qui la reçoit paraissent avoir quelque action, mais qui abonde tellement dans cet organe, qu'il s'en fait des évacuations plus ou moins fréquentes, plus ou moins abondantes, en raison d'une foule de circonstances qui varient aisément.

L'urine qu'on a cru provenir exclusivement des reins, est donc une liqueur composée d'un fluide exhalé de la membrane des bassinets et du mucus que fournissent les mamelons de ces glandes. La première de ces liqueurs est sur les animaux vivans exhalée en abondance, ainsi qu'on en acquiert la preuve sur ceux dont on ouvre ces organes pour les observer. La seconde varie beaucoup suivant les maladies, ainsi que le démontre l'expression des mamelons sur les cadavres; elle diffère pour la couleur, pour la fluidité et pour la quantité; son caractère principal c'est d'être muqueuse et semblable à du pus très-clair, quelquefois jaunâtre, d'autrefois blanchâtre. Ces liqueurs s'unissent dans les bassinets, elles se confondent dans la vessie, et l'urine qui en résulte, paraît avoir des dispositions particulières, en raison du rôle que jouent pour sa production le mucus ou la sérosité. Il n'est pas rare de trouver les reins plus ou moins complettement détruits; les bassinets fort dilatés, et l'urine très-abondante sur les cadavres de personnes qui n'avaient éprouvé que peu ou point de douleur dans la région lombaire, et qui avaient rendu beaucoup d'urine jusqu'à la mort.

Quelques personnées accoutumées à vivre dans les mêmes idées, riches et fières de celles des autres, actives quand il s'agit de nier, et incapables de discuter par des faits bien constatés, ont voulu soutenir l'ancienne opinion sur la formation des urines, en alléguant toujours que la membrane des bassinets est au nombre des muqueuses. Qu'elles ouvrent des animaux vivans; qu'elles examinent dans tous les temps de la vie cette membrane, et elles verront qu'elle est séreuse. La peau qui ne ressemble point au péritoine, n'est-elle pas une membrane séreuse particulière ? Des exhalans séreux ne concourent-ils pas à sa formation ? Et comment se feroit-il, si l'urine n'était qu'une excrétion muqueuse, qu'elle pût abonder, quoique la substance des deux reins soit complettement détruite, ainsi qu'on l'observe sur quelques cadavres ? Comment serait alors exécutée une fonction qu'on attribue exclusivement à des organes qui sont détruits ?

Le mucus rénal paraît jouer un grand rôle dans les changemens qu'offre l'urine; il est d'autant plus rare que cette liqueur est plus claire. L'abondance subite de l'urine, dès que nous passons tout-à-coup du chaud au froid, ou quand nous buvons beaucoup de fluides, semble résulter des rapports sympathiques qui ont lieu entre les exhalans du derme et ceux de la membrane du bassinet, entre les uns et les autres et les absorbans de l'estomac. A quels changemens ne serait pas exposé le sang, si tous ces fluides s'y unissaient ? Et comment les artères émulgentes pourraient-elles parvenir à conduire dans les reins la totalité de cette liqueur, pour la dépouiller d'un mélange qui troublerait à chaque instant ses propriétés vitales ? C'est dans les systèmes capillaires que se passent les phénomènes qui ont rapport à l'urine ; les gros vaisseaux y sont étrangers, et le sang est par sa nature, protégé de l'immodération des sérosités, qu'on a pensé qui s'unissaient à lui pour être ensuite isolées par les reins.

Les rapports sympathiques des systèmes capillaires sont extrêmement actifs ; les exhalans et les absorbans se provoquent sans cesse ; leur entrelacement et leur continuité dans le tissu cellulaire, l'expansion de ce tissu dans tous les organes suffisent pour nous éclairer sur la manière dont les communications très-promptes que nous remarquons entre les fonctions de ces systèmes dans toutes les parties du corps, et sur-tout entre la peau, l'estomac et les membranes urinaires, peuvent avoir lieu. Ces fonctions se passent sans la médiation du sang ; médiation que toutes les lois vitales rejettent. Sûrement cette liqueur commune varie en raison des changemens qui ont lieu dans les capillaires ; mais la quantité des absorbans et des exhalans qui se secondent partout pour empêcher que les sérosités surabondent dans le sang, et pour les conduire au but qu'elles doivent remplir, s'unissent pour déposer sur la peau et dans les bassinets les fluides aqueux ou autres, qui sont inutiles aux liqueurs principales. La portion des sérosités qui excède les besoins du sang ne passe point dans cette liqueur.

Les reins semblent partager les altérations des autres glandes muqueuses de l'abdomen, surtout pendant les fièvres ataxiques ; on les trouve alors peu consistans, mais plus rouges et plus gros que dans la santé ; les sommets des mamelons sont souvent rouges, et le mucus qu'en exprime la pression est moins abondant dans les mêmes circonstances. Le nombre des capillaires sanguins qui rampent dans les bassinets est aussi fréquemment plus considérable dans cette maladie; cependant la diathèse inflammatoire affecte rarement ces membranes; les calculs urinaires la produisent quelquefois : delà proviennent une partie des douleurs néphrétiques.

On trouve dans les reins des cadavres de personnes qui n'avaient éprouvé aucune douleur dans la région lombaire, des concrétions calculeuses, plus ou moins considérables. Ce fait qui semble étonner d'abord, surprend moins lorsqu'on médite sur les circonstances qui l'accompagnent, et lorsqu'on le juge sur le cadavre; trois fois environ il s'est présenté à mon observation, pendant mes travaux anatomiques : voici ce que j'ai remarqué. La membrane du bassinet est plus ou moins dilatée en raison du volume des calculs; son épaisseur est plus ou moins augmentée; mais elle se rapproche de l'état cartilagineux, ou bien elle est légèrement infiltrée; les vaisseaux sanguins qui rampent dans son tissu, sont beaucoup moins nombreux que dans l'état naturel; de telle manière que les propriétés organiques et animales de cette membrane sont plus ou moins affoiblies, et que l'excitation résultante de la présence du corps étranger est à peine sentie, ou ne l'est pas du tout. Ce phénomène correspond parfaitement aux lois vitales et au rôle que joue le système artériel dans tous les temps de la vie. D'ailleurs les calculs placés dans les bassinets gênent peu le cours des urines, dont la plus grande partie est exhalée latéralement au-dessous de ces corps étrangers. Le mucus exhalé par les membranes des reins concourt même à garantir le bassinet du contact de ces calculs, en les enduisant d'une liqueur qui protège les parties organiques. Les choses se passent-elles toujours de même ? Tout me porte à le présumer.

Quant à la cause des calculs, elle paraît tenir aux fonctions des reins : j'en ai trouvé plusieurs fois un nombre plus ou moins grand, et d'un volume très-petit, dans les conduits muqueux ouverts au sommet des mamelons ; ils semblaient adhérer à la substance de ces glandes. Les concrétions calculeuses appartiennent d'ailleurs à tous les corps glanduleux, j'en ai trouvé dans les amygdales, dans le pancréas, et dans le foie, etc. La prostate est la glande qui en produit davantage ; il n'est pas rare d'en rencontrer de différent volume dans sa substance, et sur-tout dans ses conduits : quelquefois même ces petits corps s'engagent sous la membrane de l'urètre, et deviennent cause de retention d'urine. Les calculs prostatiques sont jaunâtres d'abord ; deviennent noirâtres ensuite : leur volume ne m'a jamais paru excéder celui d'un pois ; ils sont souvent moins gros ; leur sortie par l'urètre en impose vraisemblablement quelquefois pour des corps venant de la vessie.

Les fonctions des glandes et des membranes muqueuses changent autant que leurs propriétés. Le caractère qu'acquièrent les fluides qu'elles sécrètent, varie en raison de l'exaltation ou de l'affaiblissement de leur contractilité insensible. Le mucus de la prostate, qui est rare pendant la santé, devient abondant, blanchâtre, et comme puriforme. Lorsque cette glande éprouve certains degrés d'excitation et d'engorgement, il en résulte des écoulemens plus ou moins abondans par l'urètre, qui constituent les gonorrhées, ainsi que le démontre l'autopsie cadavérique. Toutes les autres glandes sont susceptibles de pareils troubles ; mais dans aucune, ils ne sont aussi abondans que dans celle-ci, relativement à son volume.

Les relations sympathiques des glandes et des membranes muqueuses sont telles que les désordres des unes tendent toujours à se communiquer aux autres. Les excitations des secondes sont les causes les plus fréquentes des troubles qu'éprouvent les premières : ceux-ci concourent souvent à entretenir le mal par les propriétés irritantes qu'elles acquièrent, et l'irritation qu'elles continuent, ou qu'elles propagent.

Action et Repos.

Un petit nombre de principes préside à tous les phénomènes naturels. Les plus essentiels consistent dans les propriétés des corps et dans leurs relations avec les substances auxquelles ils sont unis. Les astres et tous les corps vivans paraissent soumis aux mêmes lois relativement au mouvement. Celui-ci résulte par-tout de l'action des corps sur les matières avec lesquelles ils sont en rapport, et de l'influence qu'exercent ces matières sur les mêmes corps. Ces relations donnent lieu à des changemens continuels dans les propriétés organiques ; ce qui détermine un mouvement perpétuel chez tous les corps vivans. Ce mouvement offre deux dispositions essentielles : dans l'une il se dirige constamment vers un même but, dans l'autre il change sans cesse ; mais il parcourt toujours à-peu-près la même direction ; il est alternatif, et se distribue successivement sur les mêmes organes qu'il vivifie tour à tour. Ce mouvement se compose de deux temps : l'un est celui de l'action ; l'autre celui du repos. Le repos concerne les opérations qui ont été exécutées, et les organes dont le principe du mouvement s'est éloigné. L'action comprend les opérations qu'accomplit ce principe, ou auxquelles il s'exerce.

Le principe du mouvement consiste dans un fluide commun qui vivifie tous les organes, et détermine, en s'unissant aux principes particuliers de chacun, des combinaisons continuelles; d'où il résulte que les propriétés de ces organes changent perpétuellement, et agissent toujours différemment. La circulation du fluide commun se fait de telle manière, que jamais tous les organes n'éprouvent également et en même temps son action. Les uns sont vivifiés, et reçoivent une influence telle que les fonctions auxquelles ils sont destinés s'accomplissent; tandis que les autres sont dans le repos, mais se préparent par des combinaisons propres à cet état, à recevoir de nouveau l'influence du principe vivificateur.

Les phénomènes de notre globe tiennent au principe universel du mouvement commun; ils nous présentent en grand ce que chaque corps vivant offre en petit. Le principe solaire est le fluide commun, il vivifie tour-à-tour toutes les parties de la terre. Cette vivification qui se fait de deux manières en même temps, nous donne l'idée de deux mouvemens qui ont lieu dans les corps vivans. L'un de ces mouvemens est pour le globe celui de rotation : c'est le mouvement continuel; il se fait toujours dans la même direction. Le second est celui qui se passe d'un tropique à l'autre : celui-ci est le mouvement périodique. Le principe est le même pour l'un et pour l'autre : il consiste dans les changemens qui ont lieu dans les parties éclairées, et dans les parties ombragées, dans celles qui sont vivifiées par des rayons plus directs, et dans celles qui éprouvent un état contraire à celui que produit la chaleur.

Le globe a des propriétés qui changent sous l'influence solaire; ces propriétés éprouvent quatre révolutions en même temps; deux ont rapport à sa rotation; l'une d'elles a lieu dans les parties que frappent les rayons du soleil; l'autre se passe à l'ombre ; la troisième est celle qui se fait dans la direction du tropique vers lequel la lumière se porte ; le quatrième consiste dans les phénomènes qui se passent du côté du tropique opposé. Les changemens qui sont opérés dans les propriétés du globe, et par conséquent dans l'affinité et l'attraction en faveur de la lumière solaire, sont vraisemblablement les causes de ces continuelles révolutions.

Si après avoir examiné les phénomènes qui tiennent au mouvement de la terre, nous leur comparons ceux des corps vivans, nous voyons que le principe est le même pour tous. Depuis la naissance, et même depuis le développement des germes jusqu'à la mort, nous éprouvons un mouvement continuel qui se fait sans interruption, et toujours dans la même direction. Ce mouvement est dû au changement constant qui a lieu dans les parties vivantes ; changement qui en opère un dans les propriétés vitales. L'accroissement et la décrépitude sont les conséquences du même principe : chaque instant décide dans la révolution qu'il éprouve, de celle qui doit avoir lieu l'instant après ; les propriétés présentes sont la cause des propriétés futures. L'auteur de la nature, en posant les lois de la vie, leur abandonna son destin. Chaque corps apporte en naissant le principe des révolutions qu'il doit parcourir.

Le mouvement continuel décide de la structure et de la vie des organes ; le mouvement alternatif ou périodique décide de leurs fonctions. Ce second mouvement appartient à la vie organique comme à la vie animale ; l'action et le repos en sont les suites indispensables. Indépendamment du rôle que joue le principe du mouvement sur les fonctions des corps vivans, il en a encore un non moins puissant sur les fonctions dont résulte la vie elle-même. Le mouvement et le repos qu'il consacre alternativement, sont indispensables à son cours. Les parties organiques acquièrent dans le repos des propriétés qui provoquent le mouvement : l'exercice ou l'action détermine à son tour des changemens dans ces parties et dans ces propriétés qui rendent le repos nécessaire. Pendant que ce dernier a lieu, les systèmes divers acquièrent une espèce de vivification qui les rend aptes au mouvement, lequel devient nécessaire à son tour. Cette révolution comprend l'une et l'autre vie et toutes leurs fonctions. La vie animale éprouve l'influence du principe du mouvement, pendant que la vie organique en est privée : celle-ci ressent à son tour la même influence pendant le sommeil, qui suppose le repos de la vie cérébrale ; les organes internes éprouvent une action plus considérable, quand les organes extérieurs sont dans l'inaction ; une fonction est ralentie pendant qu'une autre est plus forte. Un organe des sens s'exerce-t-il avec attention ? les autres se reposent. La digestion occupe-t-elle l'action vitale ? les fonctions de la peau sont affaiblies. Dans tous les autres temps enfin, l'action est l'objet de quelques organes ; le repos, celui de quelques autres.

Indépendamment du mouvement alternatif périodique qui a lieu entre l'une et l'autre vie, entre les organes internes et les organes externes, on remarque encore beaucoup de mouvemens alternatifs inconstans ou irréguliers : les uns et les autres tiennent aux choses naturelles et aux besoins des organes. Quant aux choses naturelles, elles ont sur les corps vivans l'action la plus grande ; elles composent les corps organiques ; elles les entretiennent et provoquent toutes leurs fonctions. Pour ce qui concerne les besoins des organes, il s'agit de leur nutrition, de leur accroissement et de la réparation continuelle des pertes que l'action vitale détermine en eux ; ce qui donne lieu aux fonctions de la vie organique.

Les rayons solaires produisent dans l'atmosphère et dans nos fonctions des changemens qui provoquent l'exercice des organes externes. L'ombre de la nuit et l'humidité ont des résultats contraires, qui en même temps qu'ils affaiblissent les propriétés du derme et des organes extérieurs, déterminent une action plus ou moins considérable dans les organes internes. Ces deux phénomènes dépendent de l'action des substances extérieures sur les parties de notre corps, avec lesquelles elles sont en contact : elles sont la cause naturelle des révolutions périodiques, d'où résultent le réveil et le sommeil. Cette révolution se passe entre les deux vies : l'exercice régulier ou irrégulier des organes cérébraux est une cause accidentelle qui donne lieu aux changemens qu'elle éprouve.

La digestion est une cause des révolutions qui ont lieu entre les organes de la vie organique; pendant son cours, le principe du mouvement s'exerce sur les organes intérieurs, tandis qu'il abandonne ou néglige les organes externes dont les fonctions sont suspendues ou affaiblies ; après qu'elle est terminée, les fluides généraux, et le sang sur-tout, pourvus de principes nutritifs, excitent le derme, sur lequel les systèmes organiques exercent aussi une action sympathique dont la source est dans l'abdomen : les fonctions de la peau sont provoquées de nouveau par cette cause; leur exercice fixe dans cet organe, les principes du mouvement, et les viscères de la digestion, qui, peu de temps avant, étaient les plus actifs, éprouvent une espèce de repos.

Le système artériel et le sang jouent les rôles principaux de ces révolutions : nous ignorons de quelle nature sont les fluides essentiels qui concourent avec le sang à les exécuter ; ces fluides provoquent l'afflux de cette liqueur, qui développe les propriétés organiques et fournit aux organes les moyens d'accomplir leurs fonctions. L'activité de celles-ci est relative à la quantité du sang.

Le principe essentiel du mouvement agit vraisemblablement en provoquant la sensibilité organique : cette propriété détermine la contractilité involontaire, et celle-ci change l'état de la circulation en poussant le sang, dont l'afflux est une suite de l'action de la sensibilité, dans des vaisseaux qu'il ne parcourait pas ; l'excitation le rend plus abondant et plus actif dans l'organe qui l'éprouve, et toutes les propriétés sont exaltées en raison du rôle que joue cette liqueur.

Toutes les fonctions de la vie se succèdent et se provoquent alternativement ; elles tiennent au besoin du mouvemect et du repos ; les unes et les autres sont relatives à ces deux choses : elles en sont les conséquences nécessaires. Le repos et l'action sont donc indispensables à la vie ; l'inexécution de l'un ou de l'autre est une cause de maladies. Si le repos des organes de la vie animale et des muscles volontaires est trop long-temps continué, le principe du mouvement s'exerce avec immodération dans les organes internes, le sang y devient abondant, il en provoque les propriétés, qu'il développe plus ou moins ; delà résulte une foule de maladies qui tiennent à cette cause essentielle, et qui varient en raison du tempérament, de l'âge, du régime, du climat, etc., ce qu'on nomme affections nerveuses ou vapeurs : les maladies apoplectiques, ataxiques, léthargiques qui se compliquent si fréquemment, tiennent au même principe : ces maladies diffèrent en raison des changemens dont sont susceptibles les organes externes, les organes internes et le sang ; c'est-à-dire suivant les propriétés des divers organes et suivant leurs troubles, qui sont infiniment variables.

Les révolutions périodiques et celles qui sont irrégulières tiennent donc au même principe, aux relations sympathiques des organes extérieurs et des organes internes, aux rapports qui ont lieu entre le derme et l'appareil muqueux, et à l'influence du sang sur les divers systèmes. Il résulte de tous ces rapports, que l'exercice des organes des sens, des muscles volontaires et l'excitation de la peau, appellent dans ces organes les principes de vie, y déterminent l'afflux du sang, et provoquent sympathiquement la modération des fonctions des organes internes, et sur-tout de ceux de la digestion; car le cerveau participe aux fonctions des organes de la vie animale. L'exaltation des propriétés des organes intérieurs provient de toutes les causes qui entretiennent un état de faiblesse dans les propriétés du derme. L'humidité, l'ombre de la nuit, l'abondance de l'hydrogène dans l'atmosphère, le froid et tout ce qui éloigne le sang de la peau, devient cause sympathique d'excitation intérieure. La léthargie et le sommeil tiennent à la même cause, au défaut de sensibilité ou d'excitation de la peau, et au reflux du sang dans les organes internes. Le repos dans lequel vivent les animaux dormeurs dépend de la même cause: le froid crispe le derme et le sang reflue dans les organes internes; le cerveau cesse d'être excité par les sens en même temps que ses vaisseaux dilatés par le sang le compriment et lui font éprouver une espèce de stupeur. Pendant ce temps les organes abdominaux et le cœur, qui sont soumis à la contractilité involontaire, passent dans un état d'excitation et de contraction spasmodiques; le colon descendant se resserre et la constipation a lieu; les secrétions et les excrétions sont ralenties, et la vie organique vit presque seule: tout change

quand

quand le calorique, dilatant le derme et l'excitant, permet au sang d'en parcourir les vaisseaux, et l'y provoque même. Aussi remarquez que les meilleurs moyens de rétablir l'ordre naturel dans la léthargie sont ceux qui provoquent la sensibilité et la contractilité du derme, et que c'est à mesure que les fonctions de cet organe se rétablissent, que l'excitation intérieure cesse ; que la constipation devient moindre, et que la maladie se guérit.

Les désordres du mouvement et du repos périodiques sont la source de presque toutes les maladies ; l'affaiblissement des propriétés de la peau et l'excitation des organes internes, sont les lésions les plus communes de celles qui les produisent et les entretiennent : il y a exaltation d'une part, tandis que l'affaiblissement est progressif de l'autre.

La révolution périodique provoque la nutrition ; cette fonction est active pendant le repos, lente ou faible dans l'action ; les parties qui sont calmes l'éprouvent particulièrement pendant le sommeil : les principes nutritifs sont employés à réparer les pertes qu'ont causées les fonctions animales et les opérations organiques des extrémités et de la peau ; leur objet principal, c'est de vivifier les divers parenchymes. Il ne faut pas confondre la digestion avec la nutrition ; la première est souvent troublée, pendant le sommeil, par l'excitation trop vive des organes internes, tandis que la seconde s'occupe avec activité de mettre tous les tissus, tous les organes dans le cas d'exécuter les fonctions qui doivent avoir lieu pendant le réveil.

La vie animale est souvent agitée et troublée, pendant les digestions difficiles, par les excitations sympathiques des nerfs internes des intestins ; les rêves pénibles, et les mouvemens qui donnent lieu aux actes des somnambules, semblent dépendre de la même cause, c'est-à-dire des excitations intérieures.

PROPRIÉTÉS ANIMALES.

Les propriétés animales comprennent toutes les sensations qui ont lieu entre le centre de la vie intellectuelle et les diverses parties du corps, et toutes les fonctions soumises à la volonté ; elles sont très-étendues, difficiles à déterminer, et fréquemment confondues avec les propriétés organiques, auxquelles elles se rapportent dans leur exaltation ou leur affaiblissement. Toutes les opérations de la vie intellectuelle, tous leurs troubles, sont compris au nombre des propriétés animales, d'où il résulte qu'on en distingue deux espèces ; savoir : celles qui sont naturelles et celles qui sont accidentelles. Les propriétés naturelles président aux fonctions des organes des sens et aux mouvemens volontaires ; les propriétés accidentelles sont les sensations douloureuses, les contractions convulsives des muscles volontaires, et les désordres du centre animal, tels que le délire.

La vue, l'ouïe, le goût, l'odorat, le tact, les opérations du cerveau, la contractilité volontaire, sont des propriétés animales naturelles ; la douleur, les passions ardentes, le délire, les contractions involontaires des muscles soumis aux nerfs cérébraux, sont des propriétés animales accidentelles : ces propriétés se confondent souvent.

L'exercice modéré des organes cérébraux provient des propriétés naturelles, tandis que l'immodération de ces propriétés donne lieu à celles qui sont accidentelles.

Le cerveau est le centre des propriétés naturelles ; c'est à cet organe qu'elles sont rapportées dans un cas ; elles en proviennent dans un autre : au contraire, le système des ganglions paraît être celui auquel sont attribuées les propriétés animales accidentelles. Les unes provoquent l'exécution des fonctions animales, les autres portent le trouble dans les organes et les fonctions soumis au système nerveux organique.

Les relations qui ont lieu entre les propriétés non naturelles et les organes charnus de la vie organique, qui ne reçoivent presque que des nerfs des ganglions, sont telles que, de toutes les parties du corps, ces propriétés se rendent à ces organes, et y causent des désordres plus ou moins grands, et que ces mêmes désordres ont le pouvoir d'entretenir, d'accroître ou de multiplier les lésions des fonctions de la vie animale, ainsi que nous le démontrerons bientôt, et qu'il est facile de s'en convaincre, soit sur les animaux vivans, soit sur les cadavres des personnes mortes pendant le cours des maladies nerveuses et ataxiques.

Sensibilité animale naturelle.

La sensibilité animale naturelle, attribut des organes des sens et du cerveau, diffère pour chacun de ces organes ; elle est relative à leurs fonctions. L'œil voit, le nez sent, le tact distingue, la bouche juge des saveurs, et l'oreille perçoit les sons. Ces fonctions diverses sont relatives à la bonne conformation des organes, à leurs propriétés organiques, à l'influence qu'exerce sur eux le cerveau, et aux désordres sympathiques des systèmes qui entrent dans leur formation : l'artériel et le nerveux organique sont ceux qui exercent sur leurs fonctions l'influence la plus grande.

Les rapports qui ont lieu entre le cerveau et les organes des sens sont tels, qu'il ne suffit pas que les uns et les autres soient sains pour que la sensibilité ait lieu ; il faut encore qu'à l'époque où l'organe extérieur est excité, le cerveau soit appliqué à distinguer la sensation, sans quoi elle n'a pas lieu : cette opération cérébrale est ce qu'on nomme *attention*. Si le centre animal est occupé à une autre fonction qu'à celles qu'exécutent les sens, ces dernières n'ont pas lieu. L'œil peut être fixé sur un objet sans le voir, la main saisir un corps sans le sentir, etc., si le cerveau ne dirige vers ces organes l'attention, s'il ne partage leur action. Si les sensations sont assez vives pour distraire le centre animal par la douleur, le système des ganglions a plus de part encore que le cerveau à cette action.

La sensibilité animale naturelle se développe plus ou moins long-temps après la naissance ; plutôt dans quelques organes, plus tard dans d'autres : ceux qui les premiers sont nécessaires aux fonctions intellectuelles se développent d'abord, les autres entrent à leur tour dans la même carrière.

Les sens ne sont pas les premiers organes de la vie cérébrale qui s'exercent après la naissance ; les muscles volontaires reçoivent l'influence du cerveau avant que cet organe éprouve celle des sens : les membres se meuvent, la bouche s'ouvre, la voix s'exerce avant que la vie intellectuelle ait pris possession du domaine que l'accroissement lui prépare. Chaque fonction a un but ; c'est quand ce but peut être rempli que les organes s'éveillent. Les sensations animales naturelles sont nulles à la naissance, parce que le cerveau n'est pas encore susceptible d'attention. Lentement ces propriétés s'accroissent ; la vitalité plus ou moins forte des individus décide de leur activité.

Les opérations de la vie intellectuelle sont relatives aux sensations ou aux impressions qu'a reçues le cerveau : les sensations n'ont que des choses simples pour objet ; le composé n'est pas encore à la portée de l'enfant, qui ne distingue pas les sujets qui exigent l'exercice du jugement.

Cette opération est le résultat des sensations fréquentes qu'a éprouvées le centre animal ; elle naît avec la mémoire et s'établit sur les comparaisons ; celles-ci n'ont lieu qu'avec le temps : aussi l'enfant vit moins dans ses facultés cérébrales que dans l'action des muscles volontaires ; les premières ne lui sont pas utiles et les seconds ont besoin, pour hâter le développement des membres, de fixer une grande quantité de principes d'action, de principes nutritifs, et par conséquent de sang artériel dans les extrémités.

A combien de désordres ne serait pas exposée la vie organique dont les besoins sont si grands chez l'enfant, si les sens employaient une partie des principes du mouvement et de la nutrition ? On verrait beaucoup de petits nains fort intelligens, mais on trouverait peu d'hommes assez robustes pour pourvoir aux besoins de la vie. Nous retrouverions à chaque pas ce que nous rencontrons trop souvent encore chez les enfans nés dans l'opulence, et sans cesse cajolés, caressés et flattés. Les organes de la vie animale se développent avant l'âge, et ceux de la vie organique n'obtiennent pas la force qui est nécessaire à l'exécution des travaux pour lesquels notre espèce est faite : les affections nerveuses, les passions vives et précoces, une intelligence prématurée, sont leur partage ; leur constitution est délicate, et la sensibilité animale retient par son immodération les principes de vie dans des organes, qui, suivant l'ordre naturel, devraient être négligés en faveur des extrémités, dans lesquelles le sang se portant en abondance, répandrait la force avec les principes nutritifs.

Dans l'état de nature la sensibilité animale est tardive, par cela même que les membres qui se développent avec force retiennent beaucoup de sang, et que les organes internes ne l'emportent pas par leur vitalité sur les organes externes et sur les membres. Tous les travaux qui occupent beaucoup la vie intellectuelle développent la sensibilité animale, mais ce développement est funeste à la constitution lorsqu'il a lieu aux dépens de la vie organique. Aussi les principes d'une éducation salutaire doivent-ils avoir pour objet de ne jamais favoriser la vie cérébrale au détriment de la première.

Les organes de la vie animale ne se développent pas avec une vitalité égale ; les uns sont susceptibles de plus de perfection que les autres : cette disposition décide de l'aptitude différente des hommes pour les beaux-arts, pour les sciences et les travaux divers qu'ils peuvent remplir dans la société. La perfection des sens donne de l'aptitude aux arts d'imitation ; celle du centre de la vie animale dispose aux sciences abstraites. L'éducation doit nécessairement se conformer à ces dispositions naturelles et avoir pour objet de perfectionner et de développer les fonctions des organes qui annoncent plus d'aptitude, en les mettant dans le cas de s'exercer suivant leurs disposions dominantes. La voix et l'ouïe sont plus parfaites dans quelques individus ; le tact excelle dans d'autres : la vue l'emporte chez quelques-uns.

Les organes cérébraux se développent les uns après les autres ; l'œil, l'ouïe, l'odorat, le tact, se succèdent dans l'exercice des fonctions animales : le goût ne se prononce que dans l'adolescence. Quant aux opérations du centre commun, le jugement se manifeste de bonne heure, mais il ne se perfectionne que tard ; la mémoire est plus précoce : les mouvemens volontaires occupent principalement le cerveau chez l'enfant ; les besoins de l'accroissement rendent cette disposition favorable, en provoquant le sang et les principes nutritifs dans les extrémités.

Les nerfs cérébraux sont ceux auxquels la sensibilité animale naturelle est attribuée; cependant tous les organes qui reçoivent de ces nerfs ne jouissent pas de cette propriété ; le foie est de ce nombre. Nous ignorons quel rôle leur est accordé dans ce cas. Ces nerfs, qui, ainsi que tous les organes de la vie animale, sont distribués par paire, varient pour la consistance comme pour l'étendue. M. Roussil de Chanseru a fort bien remarqué que les organes destinés à agir sur les matières fluides reçoivent les nerfs les plus mous et les plus courts : tels sont les nerfs optiques, olfactifs, et la portion molle de la septième paire; les uns et les autres tiennent de l'atmosphère les impressions qui provoquent leurs fonctions. Les nerfs optiques qui sont les plus gros, se distribuent dans les organes les moins étendus, mais dont les fonctions s'écartent plus loin que celles des autres : les yeux qui les reçoivent nous mettent en relation avec les corps les plus éloignés; ils cherchent des sujets sur lesquels ils puissent s'exercer, tandis que l'oreille et l'odorat attendent que ces sujets viennent les frapper, et n'ont pas un but aussi étendu. Les passions semblent avoir sur ces organes une influence difficile à expliquer. L'amour, par exemple, développe l'odorat chez quelques animaux à un tel point, que nous les voyons rechercher à des distances considérables des femelles capables de satisfaire l'ardeur qu'ils éprouvent et qu'elles produisent dans cet éloignement. Cette action sympathique résulte vraisemblablement des émanations qui mettent en rapport les individus des deux sexes : souvent même il arrive que ceux sur qui elle agit ne se connaissent point. Comment pourraient s'opérer de pareils phénomènes, si nous n'avions pas une existence extérieure consistante dans des émanations qui établissent au-dehors de nous des relations avec les corps qui nous environnent et qui opèrent ces relations ?

La sensibilité animale naturelle vit beaucoup moins que la sensibilité organique ; elle parcourt rapidement ses deux révolutions d'accroissement et de décrépitude : elle est soumise au repos et à l'action qu'elle éprouve alternativement ; l'influence de la chaleur la rend plus facile ; le froid l'affaiblit, et peut même l'éteindre lorsqu'il est considérable. Cette propriété est nécessairement dépendante de l'influence du sang rouge ; elle n'a plus lieu quand cette liqueur est noire.

La sensibilité naturelle augmente dès qu'on irrite la peau, et lorsqu'on provoque ses propriétés organiques. C'est ainsi que le frottement du gland dans le coït développe cette propriété ; la rend de plus en plus agréable en même temps que la contractilité spasmodique des vésicules séminales, et sur-tout des muscles éjaculateurs, donne lieu à l'issue du sperme. L'acte vénérien est un exemple de la réunion de la sensibilité naturelle avec la sensibilité accidentelle, et de la réunion de ces deux espèces avec la sensibilité organique. Ces trois états de la sensibilité parcourent en peu d'instans tous les degrés dont ils sont susceptibles. Exaltation prompte et très-vive ; affaissement subit et considérable. Ils nous donnent une preuve frappante du pouvoir qu'exerce le centre animal sur la sensibilité des organes des sens, en nous faisant connaître la différence qui a lieu entre la susceptibilité des organes génitaux de la personne prévenue amoureusement en faveur de laquelle elle consacre le coït, et celle qui existe quand cette prévention n'agit point. Nous trouvons dans la même action un autre exemple des causes sympathiques qui agissent sur la sensibilité animale naturelle, dans l'influence qu'exerce le sperme sur les vésicules, et celles-ci sur toute l'économie, et principalement sur le gland. D'où nous devons conclure, ainsi que nous l'avons déjà dit, que cette propriété est soumise aux dispositions organiques de l'organe qui l'éprouve, et aux excitations sympathiques des divers systèmes avec lesquels il est en rapport. Les causes qui troublent cette propriété, sont plus souvent sympathiques que directes.

Sensibilité animale accidentelle.

Toutes les sensations qui, contradictoirement à l'ordre naturel, affectent la vie animale, sont comprises au nombre de celles qu'on nomme accidentelles ou non naturelles : ces sensations sont de deux espèces; l'une a pour objet celles qui mettent le jugement dans le cas de s'exercer sur leur nature, et dont nous avons conscience ; l'autre renferme les excitations qui portent le trouble dans la vie animale en mettant le centre commun hors d'état de discerner la nature de son désordre, et en banissant, pour ainsi dire, la sensibilité naturelle. La douleur et toutes les sensations douloureuses forment la première espèce ; le délire et toutes les affections ataxiques forment la seconde.

Les sensations accidentelles tiennent au désordre de la sensibilité naturelle ; elles proviennent des excitations défavorables à cette propriété, qu'elles troublent plus ou moins, et dont elles sont les états contraires. Point de sensation sans excitation, point d'excitation sans causes excitantes ; d'où nous devons conclure que tous les désordres avec exaltation de la sensibilité sont les résultats d'excitations différentes. Ces désordres varient infiniment ; leurs changemens sont relatifs à trois causes essentielles : 1.° au mode de relation animale de chaque nerf ; 2.° à l'influence qu'exerce le sang artériel sur les systèmes excités et à la sensibilité naturelle de chaque parenchyme organique ; 3.° à l'influence particulière des organes, ou des appareils excités, sur les fonctions de l'une et de l'autre vie. « Chaque tissu, dit Bichat, a » son mode particulier de force et de sensibilité ; » de même que chaque système a son mode de » sensibilité animale propre dans l'état naturel, » il l'a aussi dans l'état morbifique. » *Anat. gén.*, *vol. I.er*, *pag.* 164. L'objet le plus important en physiologie comme en médecine, c'est de déterminer le mode naturel de sensibilité de chaque partie vivante et les désordres dont est susceptible cette propriété, en raison des divers degrés de vitalité et d'excitation. Des recherches très-multipliées peuvent seules nous conduire à ces importans résultats, sans lesquels la science sera toujours conjecturale.

Les expériences faites sur les animaux vivans, l'ouverture des cadavres, et sur-tout l'examen attentif des désordres du système à sang rouge dans les maladies et dans les dispositions, que présente ce système pendant la santé, (lesquelles diffèrent en raison de l'âge et du tempérament), tels sont les moyens qui peuvent nous éclairer sur les phénomènes de la sensibilité dans tous ses états.

La sensibilité accidentelle peut appartenir à tous les tissus ; tantôt elle dépend de causes directes, tantôt de causes sympathiques : ces deux espèces de causes peuvent affecter également tous les organes : le délire, le trouble des fonctions des sens, celui des muscles volontaires, sont presque toujours dépendans de causes éloignées. L'examen le plus attentif des organes cérébraux sur les personnes mortes dans ces affections n'offre rien qui puisse indiquer la moindre lésion de leurs tissus et de leurs propriétés organiques ; c'est dans les organes soumis aux nerfs des ganglions, qu'on trouve les désordres qui ont troublé les propriétés animales naturelles. Les viscères où ces nerfs sont très-abondans sont ceux en qui l'on remarque les affections pathologiques les plus communes de celles qui troublent sympathiquement la vie animale ; en voici la cause.

Chaque système forme un tout dont les diverses parties continues entr'elles correspondent mutuellement, chacune de celles-ci exerce sur les autres un pouvoir relatif à sa sensibilité. Cette propriété varie pour les diverses extrémités de ces systèmes suivant l'organe qu'elles concourent à former, en raison de la vitalité plus ou moins grande qu'a cet organe, de celle qu'il acquiert accidentellement, en raison de la nature des causes qui l'excitent et de la région qu'il occupe.

Les systèmes les plus répandus sont le nerveux des ganglions, l'artériel, et le cellulaire; vient ensuite le nerveux cérébral. Le système des ganglions et l'artériel président à la vitalité et aux fonctions de tous les organes : la sensibilité, la contractilité organiques, la nutrition et l'accroissement, toutes les fonctions dont sont chargés les divers systèmes capillaires, sont sous la dépendance de ces systèmes. Les nerfs cérébraux sont bien chargés des sensations animales naturelles, mais ceux des ganglions et le système artériel ont pour attribut de régler les facultés de ces nerfs; de telle manière que celles-ci sont toujours en rapport à la nature, à la quantité du sang, aux vaisseaux que parcourt cette liqueur, aux excitations diverses qu'éprouvent les nerfs organiques, et enfin aux troubles des propriétés organiques. Les systèmes à sang rouge et nerveux des ganglions mettent donc tous les organes en rapport entr'eux ; mais ces rapports sont tels, que les lésions d'une de leurs extrémités tendent toujours à se communiquer à leurs centres, aux autres extrémités, et principalement à celles qui se réunissent en grand nombre dans les mêmes organes : ceux-ci et ceux dont les propriétés vitales sont, naturellement ou bien accidentellement exaltées, et dont la sensibilité organique est dans un état particulier de développement, sont autant de points de réunion vers lesquels se dirigent les excitations éloignées dont ils sont fréquemment l'objet des désordres qui en résultent.

Les diverses branches du système nerveux organique qui se rendent dans les organes des sens, et celles qui communiquent avec le cerveau, ont encore entr'elles et les organes charnus de la vie organique, des rapports, tels que les troubles qui ont lieu dans les fonctions des premiers et dans celles des seconds, tendent réciproquement à se communiquer aux uns et aux autres, et particulièrement au cœur et aux intestins ; de sorte que les désordres des organes de la vie animale tendent sans cesse à altérer et à exalter les propriétés et les fonctions de ces viscères, dont les lésions sont autant de causes d'affections sympathiques des sens et du cerveau. Il résulte de ces diverses dispositions que les intestins, qui reçoivent en plus grand nombre encore des nerfs provenant des ganglions, que le cœur, sont aussi ceux dont les désordres organiques sont les plus fréquens, lorsque les sens ou le centre animal ont été vivement troublés. Cependant le cœur est promptement agité quand les propriétés organiques et les sensations douloureuses sont subitement ou vivement exaltées dans quelque partie du corps ; mais cet organe n'est point altéré dans ses propriétés organiques, par l'effet de semblables causes. Il n'en est pas de même de la tunique muqueuse des intestins, qui est fréquemment affectée de lésions plus ou moins graves. Lorsque la sensibilité non naturelle est vivement provoquée sur quelque partie du corps.

Première espèce de la Sensibilité non naturelle.

La douleur est une sensation pénible, et d'autant plus désagréable, qu'elle est plus intense : cette propriété varie à l'infini, en raison des parties organiques qui l'éprouvent, en raison du rôle que jouent le système artériel et le sang rouge ; elle diffère encore suivant la cause qui l'a produite, et en raison de la force de cette cause.

La douleur est toujours l'effet d'une lésion des solides, lors même que son principe a rapport aux fluides : cette lésion dépend tantôt de causes extérieures ou étrangères à l'économie, tantôt de causes internes, ayant leur source dans le jeu réciproque des fluides et des solides ; elle est sympathique en quelques cas, directe en d'autres. Cette sensation résulte souvent d'un enchaînement de causes qui se reproduisent et vont en augmentant, de telle manière que celles qui ont eu lieu les premières, sont plus ou moins éloignées, et quelquefois n'existent plus à l'époque où la douleur est très-vive.

Les fluides et les solides, dans leur action réciproque, peuvent devenir cause commune de douleur; les seconds, par l'immodération de leur cours et par leur changement de nature ; les premiers, par l'exaltation de leur sensibilité et de leur contractilité organiques. La surabondance des fluides donne lieu à la douleur par la distension, par compression des vaisseaux et de toutes les parties molles. Les troubles qui ont lieu dans la nature des fluides produisent le même effet par l'immodération de leur action excitante : la lésion des propriétés organiques du parenchyme des organes détermine le même résultat par l'exaltation qui a lieu dans la sensibilité et la contractilité, d'où il résulte une action immodérée qui trouble la circulation, et un tiraillement des parties nerveuses.

Les parties qui les premières ont été affectées par les causes de la douleur, lors même qu'elle est locale ou directe, sont souvent intactes pendant son cours, ainsi que les lésions des propriétés et des fonctions de la peau nous en fournissent souvent l'exemple. Dans ce cas le sang devient une cause principale du trouble, lequel réside peut-être plus essentiellement encore dans le système nerveux organique. Tantôt les vaisseaux du derme sont crispés, tantôt ils sont frappés d'adynamie; mais dans ces diverses circonstances la circulation est toujours plus ou moins ralentie dans cet organe; le sang reflue dans les régions internes; il engorge leurs vaisseaux, qui sont déjà dans un état de pléthore, et la douleur en est le résultat : les coliques, les douleurs internes, celles même de rhumathisme, sont souvent dépendantes de cette cause, qui est sympathique, quoique la douleur soit locale, c'est-à-dire, dépendante de la lésion des propriétés organiques et des fonctions de quelque système, de quelque tissu organique de la partie souffrante.

Les douleurs sympathiques ont ordinairement lieu dans les parties qui sont dans l'état le plus voisin de celui de la maladie, ou dans celles dont les propriétés vitales sont exaltées. Les appareils qui jouissent de beaucoup de vitalité, tels que les membranes muqueuses et les séreuses, les organes en qui la même disposition existe, comme les pectoraux pour les tempéramens sanguins; les abdominaux, pour les tempéramens bilieux et nerveux : ceux qui sont habituellement dans un état catarral deviennent fréquemment le siége de la douleur, lorsqu'ils en sont susceptibles. Pour tous, la cause et le principe sont les mêmes; ils tiennent au mode particulier de relation sympathique des diverses parties des systèmes artériel et nerveux organiques, aux relations mutuelles des organes entr'eux, et sur-tout de ceux qui sont extérieurs avec ceux qui occupent les régions profondes. Ces phénomènes sont des conséquences des lois vitales, qui déterminent l'afflux du sang là où la sensibilité organique est exaltée, et qui donnent lieu à cette exaltation dans les organes où le sang artériel est abondant; ils dépendent des lois fondamentales de la sensibilité, qui ont subordonné cette propriété au système à sang rouge, et qui ont mis la circulation sous son empire, en donnant à ces dispositions une latitude très-grande dans leur exercice, qui est subordonné à l'influence très-variable des substances ou corps extérieurs.

Les causes générales de la douleur consistent donc dans l'action réciproque des lois physiques et des lois vitales. Cette propriété dépend ordinairement de l'immodération des substances avec lesquelles nous sommes en rapport : l'action irrégulière des organes de la vie organique lui donne lieu en d'autres cas. Sa source commune se trouve souvent dans l'abus des choses, même de celles qui sont utiles, nécessaires ou indispensables.

La douleur est, pour ainsi dire, l'indication des désordres de la sensibilité organique; elle commence à certain degré d'exaltation de cette propriété, et augmente avec la contractilité involontaire, qui en est le résultat; ses progrès se continuent jusqu'à certain degré, au-delà duquel la sensibilité, lorsqu'elle y est parvenue, ne peut plus augmenter. La douleur change, s'affaiblit ou s'éteint en raison des divers états que parcourent les propriétés vitales, et en raison de la durée ou de la vivacité de l'excitation. « A l'instant où l'on » soulève, où l'on tiraille les nerfs, dit Bichat, » l'animal crie et s'agite beaucoup; mais après » qu'on a répété deux ou trois fois la même chose, » il finit par ne plus donner de marque d'une sen- » sation pénible; si on cesse d'exciter le nerf

» pendant une heure ou deux, la sensibilité se
» renouvelle avec beaucoup d'énergie, lorsqu'on
» vient à tirailler de nouveau. Ces expériences
» sont un résultat très-analogue des expériences
» relatives à la contractilité animale des muscles. »
Anat. gén., *vol. I.er*, *pag.* 163. La douleur augmente dans la diathèse inflammatoire en raison de la lésion qu'éprouvent les parties sous l'influence du sang artériel circulant et conservant sa couleur rouge; elle cesse dès que le sang devient noir et que la gangrène a lieu; elle est relative à la distension ou à la compression des parties molles. L'inflammation aiguë est vraisemblablement réglée par la susceptibilité dont sont capables les tissus organiques pendant son cours, lorsqu'aucune autre cause n'entretient cette affection. Ses progrès sont ordinairement parvenus à leur dernier terme du quatre au cinquième jour; alors le relâchement survient et la guérison provient de la propension qu'ont les tissus organiques à recouvrer leur état naturel, lorsqu'ils s'en sont écartés. Cette réaction est une suite des propriétés naturelles.

La nature, en multipliant les causes morbifiques, posa des limites à leur action. Les moyens de guérison naturelle sont dépendans des lois vitales; ils font même partie de ces lois : ce n'est qu'en suivant, qu'en secondant le pouvoir de la nature dans l'action de cette propriété qu'ont les tissus de réagir sur eux-mêmes, que le médecin peut rendre son art bienfaisant. Calmer en quelques circonstances, exciter et provoquer le développement des propriétés vitales en d'autres, voilà le but que doit se proposer la médecine. Le choix des remèdes qui sont plus particulièrement en rapport par leur nature avec la sensibilité des organes lésés, la quantité qu'il convient d'administrer relativement à l'exaltation ou à l'affaiblissement des propriétés organiques, font l'objet du

médecin.

médecin. L'art règle le premier cas, l'individu décide dans le second : le principe est l'objet de l'un ; les conséquences, celui de l'autre.

Les rémissions tiennent vraisemblablement en partie à la disposition des organes à éprouver du calme, quand ils ont été dans l'action; ce fait dépend des lois naturelles qui unisent par-tout le mouvement au repos : le premier ne s'exerce qu'au moyen des principes dont le second provoque la réunion; celui-ci est indispensable quand l'action a employé ces mêmes principes. Chaque tissu, chaque système est susceptible d'excitation et de calme à sa manière, de-là proviennent les différences qui ont lieu entre les accès et les rémissions suivant les organes où réside la maladie; suivant l'intensité des lésions de chacun pendant son cours.

Une seconde cause de rémissions et d'accès dépend des changemens qui ont lieu dans l'atmosphère, sous l'influence solaire, ou à l'ombre de la nuit; les révolutions annuaires du globe, celles de la lune sont autant de sujets qui les déterminent. Les divers états dont sont susceptibles la matrice, le foie et les vésicules séminales ou biliaires, en raison de l'excitation que causent les liqueurs qu'elles contiennent, ajoutent aux moyens naturels qui provoquent sans cesse la sensibilité et le calme, l'action et le repos. L'abondance du sperme et de la bile provoquent la sensibilité ; la rareté et certaines dispositions de ces liqueurs donnent lieu à un état contraire.

La douleur de l'épigastre, celle du front, de l'occiput et des tempes sont presque toujours symptomatiques ; leurs causes sont fort éloignées, sur-tout celles de la tête : les excitations que détermine la bile dans l'estomac où elle semble passer alors accidentellement, celle qui provient peut-être aussi de quelques autres parties du conduit alimentaire par la même cause, donnent lieu à ces affections qui semblent provenir ensuite de certains troubles consécutifs dans les propriétés des tégumens du crâne.

Les phénomènes essentiels qui donnent lieu à un grand nombre de douleurs sympathiques nous seront peut-être toujours inconnus : les désordres du système des ganglions et du cellulaire consistant dans le changement de leur sensibilité organique sont vraisemblablement les causes les plus actives de ces douleurs. Ces causes peuvent ne pas cesser et la douleur ne plus avoir lieu, ce qui provient de la faiblesse qu'elles conservent habituellement : mais dès qu'une influence quelconque vient exalter soit sympathiquement, soit directement, la sensibilité organique de la partie lésée, alors les fluides y abondent et l'engorgement qui en résulte devient cause active des sensations douloureuses. Voilà comment nous pouvons concevoir et expliquer beaucoup de douleurs dont les causes sont éloignées, et dont nous n'avons aucune conscience parce qu'elles n'ont point de rapport avec la vie animale. Les changemens de l'atmosphère en produisent souvent de semblables : le trouble des fonctions de la peau, l'affaiblissement de ses propriétés organiques, causés par l'air atmosphérique, donnent lieu au reflux du sang dans les organes internes, et aux troubles de leurs fonctions et de leurs propriétés ; d'où il résulte des désordres dans la nature et l'action de la bile qui se font bientôt sentir sur tout le système nerveux organique, et particulièrement sur celles de ses extrémités qui concourent à former des tissus qui sont habituellement dans un état de lésion. Ces tissus éprouvent le sentiment de la douleur, quoique la cause essentielle de cette sensation ait déjà parcouru divers organes, troublé divers systèmes sans que le centre animal ait pu en avoir la conscience, et distinguer cette suite d'altérations qui comprend enfin toute l'économie.

Les causes de la douleur sont rarement directes

à moins que la diathèse inflammatoire ne la produise; les lésions de la tunique muqueuse des intestins par la bile et les vers, en sont fréquemment la source; ce qui provient du désordre qui en résulte sur le système nerveux organique, qui réagit sur toute l'économie et exalte particulièrement la sensibilité des tissus lésés.

La douleur est la sensation qui met tous les solides en relation avec le centre animal; elle est le signe commun de la lésion. Cette propriété appartient à des tissus dans lesquels nous ne pouvons distinguer aucun nerf; le développement des capillaires par le sang rouge en est la condition principale; dès qu'un certain nombre de ces vaisseaux reçoit du sang artériel la douleur survient : cette disposition l'exalte facilement pour les nerfs et vivement pour les os qui dans l'état de santé ont des propriétés négatives de celles de ces premiers. « Le » sang, dit Bichat, qui pénètre les nerfs est comme » celui qui arrive au cerveau, un excitant qui en» tretient leur action; quand cet excitant augmente » l'excitation nerveuse s'accroît, comme *Reil* s'en » est assuré en frottant les nerfs d'une grenouille, » de manière à les rougir en y attirant plus de » sang. » *Anat. génér. vol. I*er. *pag.* 165.

La douleur est relative sur-tout au mode d'excitation; le tiraillement et la contusion l'exaltent facilement dans tous les tissus; c'est en raison de cette disposition que les plaies faites avec des instrumens contondans sont plus douloureuses que celles qui ont été produites par des instrumens tranchans : il nous est impossible de connaître la cause essentielle de cette disposition; mais les résultats n'en sont point équivoques. Dans la pléthore la distention et l'action du sang rouge sur les parties lésées sont, selon toutes les apparences, les causes principales de la douleur : ce qui le prouve c'est qu'à l'instant où une plaie est faite par un instrument tranchant la douleur est presque nulle ; c'est lorsque le sang arrose cette plaie, lorsqu'il a éprouvé le contact immédiat de l'air atmosphérique, que la douleur commence ; elle augmente ensuite en raison de la dilatation des capillaires par le sang artériel. L'effet que produisent la compression et les topiques qui resserrent pour ainsi dire les vaisseaux, confirme encore par des disposions négatives celles que nous venons d'indiquer. Comprimez vivement une partie contuse, une plaie avec contusion, et vous arrêtez les accidens qui en seraient la suite sans cette précaution. Les toniques ont le même effet, mais ils sont moins actifs que la pression mécanique lorsqu'elle est possible. A quoi cela pourrait-il tenir, si ce n'était à l'action salutaire qui fortifie les vaisseaux et les préserve de l'afflux du sang que détermine l'excitation de la sensibilité organique ? Les parties n'étant pas distendues dans le premier moment, n'éprouvent point le tiraillement que causerait la présence du sang, et les progrès du mal sont ensuite d'autant plus faibles que les causes extérieures et les excitations sympathiques ne les secondent point.

Deux phénomènes semblent indiquer que le contact immédiat du sang extravasé est une cause de douleur : le premier a lieu dans les plaies ; le second dans les contusions. C'est à l'époque où le sang arrose les surfaces des plaies que la douleur commence à se faire sentir, quand un instrument tranchant les a produites. Cette sensation est relative dans la contusion au sang extravasé, avec cette différence que lorsque cette liqueur ainsi épanchée prend la couleur noire, la douleur est faible, et qu'elle devient d'autant plus vive que cette liqueur est plus rouge et sa circulation plus active dans la partie lésée. Faites une contusion à un animal, et bientôt après faites-le mourir par l'asphyxie ; observez ensuite avec un microscope la partie contuse, ayant eu le soin d'enlever la peau, vous remarquez que la portion colorante du sang est disséminée sur les solides qu'elle semble colorer, tandis que la partie fibrineuse, coagulée, forme un grand nombre de lobules transparens qui se confondent à leur base; lobules dont la réunion et l'organisation paraît former les kistes des foyers purulens. Le contact du sang épanché, et la distention qui en résulte pour les parties solides sont donc les causes principales de la douleur idiopathique? Ces causes secondaires se joignent à celles dont elles proviennent pour la production des phénomènes consécutifs qui varient en raison des troubles qu'éprouvent les propriétés organiques et animales des tissus affectés.

QUEL QUE SOIT LE ROLE du système artériel et l'influence du sang rouge, sur la sensibilité, et sur la douleur qui est un de ses états, cette propriété n'appartient cependant pas essentiellement à ce système: c'est lui qui la provoque; tous les solides en sont susceptibles; mais les nerfs en sont les organes généraux; ils transmettent à leurs centres respectifs les sensations qu'ont éprouvées les parties avec lesquelles ils correspondent. Chaque système a un attribut particulier, et toutes les sensations dont sont susceptibles les tissus organiques se partagent entre l'un et l'autre.

Nous sommes loin d'avoir atteint les connaissances qui peuvent nous satisfaire sur les attributs de chaque système nerveux et de chaque nerf; peut-être même n'aurons-nous jamais des résultats propres à nous convaincre sur une partie des phénomènes qui leur appartiennent: cependant les expériences que le célèbre Bichat a multipliées sur les animaux vivans, celles qu'ont faites plusieurs autres anatomistes, les faits que présente l'ouverture des cadavres pendant tous les temps de la vie, soit pendant la santé, soit dans les maladies, nous offrent une série de faits capables de nous éclairer sur un grand nombre de phénomènes, et sur-tout de nous faire connaître la marche que suit la nature dans le cours de la vie, en nous offrant par-tout les lois qui président à son exécution, ou qui en réglent la destinée. Ces lois sont en petit nombre, mais leur pouvoir est incalculable. Les formes et les propriétés que peuvent acquérir les corps vivans sont illimitées ; la plus grande latitude est le partage des résultats, tandis que les principes se composent d'un petit nombre de moyens que nous retrouvons de toutes parts. Un seul exemple peut faire connaître jusqu'à quel point un même principe peut être modifié. C'est la comparaison des visages humains : tous sont composés de la même manière, quoiqu'aucun ne ressemble à un autre. Il en est peut-être de même de la sensibilité : chacune de ses phases offre des traits particuliers. Ces traits ne sont absolument les mêmes en aucune circonstance, lors même qu'on trouve en toutes quelques dispositions communes.

Toutes les propriétés animales se confondent lentement; on dirait qu'elles sont le partage d'un même système ; aucun intervalle n'existe entre celles qui diffèrent davantage; cependant chacune appartient spécialement par des dispositions principales à un système, à un tissu, ou à une portion de chaque corps formant un tout particulier et distinct des autres parties organiques avec lesquelles elle se réunit par des systèmes généraux. Les sensations naturelles se convertissent lentement avec les sensations accidentelles; le prurit en fournit la preuve : il précède souvent un sentiment douloureux qui se change ensuite en une douleur très-intense.

Il en est des propriétés comme des parenchymes organiques qui se confondent tous d'une manière imperceptible : les solides et les fluides s'unissent de même entr'eux ; et par une marche aussi lente, ils se convertissent tour à tour les uns dans les autres.

Le même ordre se continue pour les propriétés organiques et animales : elles s'unissent et se confondent avec la plus grande facilité. Les sensations naturelles deviennent accidentelles quand elles sont trop vives ou exaltées à certain degré ; elles semblent passer avec une grande subtilité d'un système nerveux à l'autre. L'union de ces systèmes a vraisemblablement cette transmission pour objet. Partout on les voit se perdre l'un dans l'autre à leurs dernières extrémités.

La sensibilité organique et la sensibilité animale accidentelle appartiennent évidemment au système des ganglions, tandis que la sensibilité animale non naturelle appartient au système cérébral, et voici comment on le prouve : on prend un animal vivant, on l'irrite dans les diverses parties du corps, et aussitôt le cœur et tous les organes charnus de la vie organique qui ne reçoivent presque que des nerfs des ganglions, éprouvent une excitation plus ou moins considérable en raison de la constitution et de l'âge de l'animal. La contractilité organique sensible est sympathiquement provoquée dans tous les viscères et dans tous les tissus qui en sont susceptibles ; bientôt la contractilité insensible est développée, la circulation artérielle, troublée d'abord par les mouvemens du cœur, l'est incessamment par la contraction plus ou moins vive des capillaires. Le désordre affecte les deux puissances, qui, placées aux extrémités du système artériel, sont chargées de la circulation du sang. « C'est une » chose extrêmement remarquable, dit Bichat, » que la promptitude avec laquelle la douleur » trouble le mouvement du cœur, l'accélère, le » rend irrégulier. » *Anat. gén., vol. II, pag.* 242.

La douleur, qui est une propriété négative de

la sensibilité naturelle, suit donc une autre marche que cette première ? Signe de lésion organique ; elle se porte au système chargé des fonctions organiques ; elle va prévenir les ganglions du trouble qui a lieu ; elle développe la sensibilité et la contractilité organiques ; elle provoque la circulation du sang, en appelant cette liqueur dans la partie douloureuse. Tous les organes qui reçoivent beaucoup de nerfs des ganglions, tous ceux dans lesquels les propriétés organiques sont développées, deviennent bientôt l'objet des désordres qu'entraîne la douleur. Les contractions du cœur sont irrégulières et fréquentes ; elles sont les plus fortes, parce que ce viscère est, de tous ceux de la vie organique, le plus charnu, mais les intestins, l'estomac et la vessie n'en sont pas exempts : ces organes se contractent plus ou moins vivement pendant l'action de la douleur. Les vomissemens, les déjections d'urine, et sur-tout de matières fécales, sont fréquemment dûs à ces sensations. Quelles que soient les extrémités irritées, les résultats sont les mêmes, ils sont constans ; non seulement ils ont lieu dans les expériences faites sur les animaux vivans, mais encore nous les remarquons sur nous-mêmes dans les mêmes cas. La frayeur cause souvent des évacuations involontaires ; le cœur s'agite avec irrégularité ; une espèce de spasme s'empare de la région épigastrique où se fait sentir un resserrement, où le diaphragme joue vraisemblablement un grand rôle ; ce qui trouble la respiration : celle-ci devient tumultueuse, la contractilité insensible des artères s'accroît, le pouls se concentre, une espèce de spasme resserre tout le tube artériel ; la contractilité involontaire s'empare même des muscles soumis aux nerfs cérébraux, et le cerveau n'a pas même le droit de s'y opposer : ce mouvement paraît dû à l'influence du système organique, à l'empire que prend par-tout ce système : son action, qui, dans tous les temps de la vie, se fait sentir sur la contractilité insensible de toutes les parties organiques, augmente en ce cas, et cette augmentation produit la contractilité des fibres qui pendant la santé sont soumises aux nerfs cérébraux ; ces derniers, non seulement ne sont pas le principe de cette contractilité; mais encore ils n'ont pas assez de force pour s'y opposer; non qu'ils cessent d'être soumis au cerveau, puisque les membres se meuvent encore, mais parce qu'ils sont contrariés par un pouvoir dont la source réside dans les ganglions. Le tremblement est le résultat de ce phénomène.

La frayeur, les sensations pénibles, et toutes les espèces de douleur, produisent le même effet sur la contractilité involontaire. Les resserremens de la vésicule biliaire paraissent jouer un grand rôle dans les accidens qui accompagnent quelquefois ces révolutions de la sensibilité ; les affections nerveuses qui en dépendent si souvent, tiennent vraisemblablement en partie à cette évacuation ; elles tiennent aux troubles qu'éprouvent les intestins et leurs fonctions : peut-être même la part qu'y prend l'organe biliaire n'est-elle que consécutive, sympathique et dépendante de la lésion de la muqueuse intestinale. Les affections du pylore paraissent tenir quelquefois au même principe, au spasme qu'entretient le chagrin dans cette ouverture de l'estomac.

Non seulement les sensations douloureuses se portent du côté des ganglions, mais encore les altérations qui ont lieu lorsqu'on a vivement exalté la douleur sur les nerfs, se dirigent du même côté : le cerveau n'est jamais l'extrémité vers lequel se portent ces lésions. Bichat en acquit la conviction dans de nombreuses expériences sur les animaux vivans. J'ai obtenu le même résultat en pareil cas.

Voici l'expérience faite à cet égard. On découvre un nerf et on l'irrite plus ou moins vivement : le développement des capillaires par le sang rouge en est bientôt la suite, mais ce développement se fait toujours du côté du nerf opposé au cerveau, du côté enfin qui communique par de nombreuses anastomoses avec les nerfs des ganglions. A quoi cela pourrait-il tenir, si ce n'était à l'influence du système organique, à la disposition qu'a l'excitation de se porter du côté des ganglions dès qu'elle agit sur la sensibilité accidentelle ? « Pourquoi » dans ces phénomènes, dit Bichat, la sensibilité » animale du nerf s'exalte-t-elle toujours au-dessous de la partie affectée ? pourquoi ce phéno- » mène n'a-t-il jamais lieu du côté du cerveau, » quoique cependant ce soit dans ce dernier sens » que le sentiment se porte dans l'état naturel ? » *Anat. gén.*, *vol. I.er*, *pag.* 166 *et* 167.

Les troubles qui dépendent de la douleur se font plutôt distinguer dans les nerfs des ganglions, dans les opérations auxquelles ils président, dans les organes où ils abondent, que dans les ganglions eux-mêmes : l'examen le plus attentif de ces centres nerveux n'a rien pu apprendre encore sur les troubles organiques dont ils sont susceptibles, il en est de leur système comme de ceux qui ont le cerveau ou le cœur pour centre. Les fonctions des uns et des autres peuvent être plus ou moins vivement troublées sans que leur substance éprouve aucune altération ; on peut même irriter jusqu'à certain degré le cerveau et les ganglions sans causer de douleur, sans altérer leur substance. « J'ai mis » le ganglion semi-lunaire à découvert, dit Bichat, » et je l'ai irrité fortement; l'animal ne s'est point » agité, tandis que dès que j'agaçais un nerf cé- » rébral lombaire, par comparaison, il criait, se » soulevait et se débattait. En général il paraît » que la sensibilité des ganglions est beaucoup

» moins marquée que celle de beaucoup d'autres » nerfs. » *Anat. gén.*, *vol. I.er*, *pag.* 227.

Les phénomènes de la sensibilité appartiennent donc plutôt aux nerfs qu'à leurs centres ; ceux-ci paraissent avoir pour objet les fonctions qui résultent des sensations. La contractilité volontaire et les opérations animales qui ont lieu en conséquence des fonctions des nerfs, sont produites par le cerveau. Les ganglions ont vraisemblablement des attributs particuliers qui nous sont inconnus, et qui sont relatifs aux fonctions cérébrales, sous certains rapports ; tandis qu'elles en diffèrent essentiellement, sous d'autres. « Si les » ganglions n'étaient pas les centres de certaines » fonctions que nous ignorons, dit Bichat, se» raient-ils si invariables dans l'organisation ani» male ? » *Anat. gén.*, *vol. I.er*, *pag.* 244. Les animaux ont comparativement les nerfs plus gros que les nôtres, mais ils ont le cerveau plus petit ; aussi remarquez qu'ils sont capables de mouvemens considérables, de sensations plus ou moins exquises, mais qu'ils ne sont pas susceptibles d'opérations intellectuelles fort étendues. Cela dépend-il seulement du volume du cerveau ? Je ne le pense pas. Les fonctions intellectuelles paraissent plus essentiellement encore soumises aux changemens qu'opèrent sur le centre commun les organes abdominaux. La voracité et la férocité qui distinguent quelques-uns d'eux semblent dépendre des mêmes causes, de l'excitation continuelle des organes de la digestion, et de la réaction de ces organes sur la vie animale.

La douleur est relative à la susceptibilité particulière de chaque individu ; elle est proportionnée à la sensibilité organique et à la vitalité des organes abdominaux : elle est d'autant plus facile à développer, que ces organes ont plus d'action, et d'autant plus indolente, qu'ils en ont moins. La moindre chose irrite les tempéramens nerveux : il faut des causes très-actives pour émouvoir les tempéramens phlegmatiques.

Les animaux sont moins sensibles que nous à la douleur ; ils le deviennent d'autant plus, que l'éducation leur donne plus de besoins, et réveille leur susceptibilité par un régime et des alimens plus excitans. Cette propriété est vive et facile dans la diathèse inflammatoire ; elle est faible, et n'a lieu qu'avec peine dans l'adynamie.

Les propriétés organiques décident de la douleur quand sa cause est directe, et qu'elle ne résulte point de l'exercice immodéré de la sensibilité naturelle ; c'est-à-dire que les propriétés directes règlent cette sensation, lorsque sa cause est locale : au contraire, la sensibilité des organes abdominaux, et sur-tout celle des intestins, décide de celle des organes des sens. C'est pour cette raison que la sensibilité animale naturelle est très-vive chez les personnes affectées de névroses, chez les personnes *vaporeuses :* c'est d'après la même cause que les sens sont si facilement agités par les sensations douloureuses dans le même cas. Les plus légères excitations suffisent à ces individus pour les troubler ; mais le trouble a plus de rapport aux organes et aux sensations internes qu'à la sensibilité naturelle, aux organes des sens et au cerveau : aussi l'autopsie cadavérique n'offre-t-elle rien de particulier dans ces derniers, sur les personnes mortes dans les symptômes nerveux ou ataxiques les plus violens, tandis qu'on trouve constamment quelque lésion organique dans la région abdominale.

Pour provoquer la douleur sur les diverses parties du corps, il faut altérer le tissu du derme ou celui qui est sous-jacent : il n'en est pas de même des organes des sens ; il suffit d'exalter leur sensibilité animale pour que les sensations douloureuses en résultent : le contact d'un objet qu'on redoute, la vue d'un corps hideux, un bruit effrayant, une odeur pour laquelle on a de l'aversion, une saveur dégoûtante, suffisent, portés à certain degré, pour causer des sensations douloureuses, qui toutes sont rapportées à l'épigastre, et troublent plus ou moins les fonctions des viscères charnus de la vie organique. Aucune lésion n'a lieu dans les tissus qui composent les organes animaux en pareil cas ; c'est dans les organes muqueux du ventre que se développent les affections organiques. Les sensations que nous éprouvons alors ne ressemblent point aux sensations extérieures ; elles ont une nature particulière qu'il est impossible de définir : elles diffèrent singulièrement entr'elles, et opèrent des révolutions profondes dans les fonctions des organes muqueux, lesquelles préparent des maladies nouvelles dont les accès intermittens ou périodiques, continuels ou remittens, offrent des dispositions étonnantes. Le système des ganglions et les organes auxquels ce système se distribue, sont les objets de ces révolutions.

Deuxième genre de la Sensibilité animale non naturelle, ou accidentelle.

TOUTES les sensations animales sur lesquelles le jugement ne peut pas s'exercer, composent le deuxième genre de la sensibilité non naturelle ; ces sensations donnent lieu tantôt au trouble des fonctions intellectuelles, tantôt à celui des fonctions musculaires. Dans l'un et l'autre cas, ces diverses fonctions ne s'exercent point comme dans l'état naturel ; mais dans le premier, le trouble a plus de rapport aux fonctions du centre animal, et dans le second, aux fonctions musculaires.

Les signes ataxiques légers qui appartiennent

aux maladies vaporeuses forment la première espèce de ce genre ; le délire en forme la seconde ; les mouvemens musculaires convulsifs et spasmodiques appartiennent à la troisième. Ces désordres divers sont autant de phénomènes contradictoires aux propriétés animales naturelles ; ce qui nous porte encore à penser que les nerfs du cerveau ne sont point les organes qui sont chargés de ces propriétés, et qu'ils ont plus de rapport au système organique qu'au cérébral.

Les désordres qui appartiennent à la première espèce de ce genre varient à l'infini ; ils comprennent la foule des symptômes qui caractérisent les maladies qu'on nomme vapeurs, et ceux des affections hypocondriaques et hystériques : tout ce qui tient au délire appartient à la deuxième espèce. Ces diverses affections se confondent fréquemment ; elles se provoquent et tendent sans cesse à se réunir. Il est impossible de dire de combien d'états elles sont susceptibles : elles tiennent au même principe ; elles ont une cause commune, et ne diffèrent que par l'intensité des lésions qui les produisent. Les convulsions, les spasmes épileptiques et cataleptiques, la danse de saint Guy, et vraisemblablement le tétanos, lors même que ses causes disposantes ont eu lieu sur la peau, résultent de la même source ; les autres symptômes de ce genre en proviennent également. L'abdomen est pour tous la région d'où partent les irradiations qui sèment le désordre que nous remarquons. L'abdomen a été le centre sur lequel les causes premières ont dirigé leurs ravages sympathiques ; il est le lieu d'où partent les excitations qui portent le trouble dans les organes soumis à l'action directe du cerveau, comme il est celui où se communiquent tous les troubles ayant rapport aux propriétés et aux fonctions organiques. Asyle principal des ganglions qui sont les centres de la vie organique, le ventre est le centre de tous les pouvoirs dont dépend la vie commune, et de tous les troubles qui constituent le second genre des propriétés non naturelles.

Le principe des causes actives ou efficientes est le même pour tous les symptômes de ce genre; ceux-ci ne sont que les conséquences d'une lésion qui est essentiellement la même, mais qui diffère par des degrés innombrables, par des états aussi changeans que ces degrés peuvent être multipliés, depuis leur disposition la plus légère jusqu'à la plus forte. Les propriétés organiques et animales des organes muqueux de l'abdomen, et sur-tout de la muqueuse intestinale, sont l'objet principal des affections qui sont la source de ce genre.

Les nerfs internes des intestins sont les organes les plus irrités par ces lésions diverses; c'est sur eux que s'exercent les causes excitantes : celles-ci se multiplient, se reproduisent à l'infini dans ces viscères, qui reçoivent les impressions différemment, en raison du rôle que jouent dans leur étendue les capillaires artériels et le sang, sous l'influence desquels ils se trouvent, c'est-à-dire, suivant la vitalité de la muqueuse intestinale et la susceptibilité dont dispose le système à sang rouge.

Les substances avalées, les matières bilieuses et les vers forment trois grandes causes des symptômes de ce genre : ces causes, qui sont soumises au trouble des fonctions de la peau, à l'immodération des organes de la vie animale, décident, par la manière dont elles agissent et par la sensibilité où se trouvent les parties qui les éprouvent, des uns ou des autres de ces symptômes, qui peuvent changer d'une manière étonnante, et avec la plus grande activité sous leur influence.

L'excitation des intestins est transmise à tous les organes abdominaux, à ceux de la digestion, et à ceux de la génération ; soit par la médiation des nerfs des ganglions, soit par l'affluence du sang qui vient exalter toutes leurs propriétés, et mettre les uns et les autres dans le cas de réagir mutuellement pour l'accroissement du trouble ; de telle manière qu'on a peine ensuite à reconnaître quels sont ceux qui y ont plus de part, lorsqu'on ne remonte pas à la source principale en suivant l'enchaînement des lésions.

Le désordre étant parvenu à certain période, tout le système abdominal y prend part : les ganglions ont une action plus vive ; celle qu'ils exercent sur toute l'économie augmente dans la proportion de l'exaltation du système artériel.

Les causes efficientes réagissent sur elles-mêmes dans les intestins : la bile excite la contractilité et provoque l'afflux du sang qui abonde de plus en plus dans la veine porte, et dans le foie, dont le trouble s'accroît par cette cause. Les vers excités par l'action spasmodique des intestins semblent provoqués à les irriter, et peut-être même les effusions immodérées de bile qui accompagnent les excitations violentes de ces viscères, concourent-elles en même-temps à provoquer ces insectes, et à irriter les nerfs qui en éprouvent l'action ?

Le système des ganglions fait sentir ses désordres dans toute l'économie, et les organes cérébraux l'éprouvent d'une manière particulière. Chacun la reçoit plus ou moins vivement en raison de ses dispositions propres, en raison de sa vitalité naturelle et du rôle accidentel que peut jouer en lui le système artériel. Mais les troubles qui en résultent dans leurs fonctions cessent lorsque les causes éloignées sont suspendues, et lorsqu'aucun trouble particulier n'est survenu dans sa structure. Ces troubles sont quelquefois imperceptibles ou peu sensibles, sur-tout d'après notre manière actuelle de rechercher les causes des maladies ; peut-être peut-être à l'avenir mieux exercés à distinguer des changemens qui nous échappent, saurons-nous reconnaître des lésions organiques que nous confondons avec l'état de santé dans les affections nerveuses ?

Quelques anatomistes qui n'ont que de vaines connaissances en physiologie, qui n'ont que de vaines notions en anatomie pathologique, et qui ne voient la nature que dans quelques grandes opérations où ils croient pouvoir la borner, ne savent pas concevoir comment tant de maladies peuvent appartenir aux mêmes causes ; ils aiment mieux, fidelles à leurs opinions, penser que le cerveau et les nerfs cérébraux sont pourvus d'un principe subtil qui échappe à tous nos sens, et qui joue suivant ses caprices mille rôles divers. Mais comment penser et croire des choses si contraires à toutes les lois vitales ? Les propriétés animales ne sont troublées que par des causes matérielles à l'action desquelles les lésions organiques se coordonnent. Le centre commun peut, il est vrai, devenir cause éloignée de ces lésions ; mais les symptômes de ce genre ne proviennent jamais que des troubles des propriétés organiques ; le système artériel est toujours intéressé et l'un des agens principaux de ces affections : il est provoqué dabord, il trouble ensuite, et décide de tous les phénomènes.

Le rôle différent que jouent les nerfs des ganglions sur les organes cérébraux, les degrés divers de susceptibilité des nerfs internes des intestins, en raison des états multipliés du développement des capillaires de la tunique muqueuse de ces viscères ; les propriétés plus excitantes des liqueurs excrétées, et la surabondance du sang dans le système de la veine porte, la production des vers résultant du séjour des matières bilieuses, et les excitations irrégulières de ces corps, ainsi que de toutes les substances avalées; telles sont les causes des désordres de la sensibilité intérieure et des troubles sympathiques des organes cérébraux. « Cent mots, dit Bichat, ne suffiraient pas pour » rendre la diversité des sensations pénibles qu'en- » traînent après elles les affections maladives. » *Anat. gén.*, *préface*, *pag.* 45. La même chose a lieu pour les sensations intérieures qui causent le trouble des fonctions animales; mille mots ne rendraient pas les changemens que peuvent produire dans ces fonctions les excitations des nerfs internes des intestins : ces excitations ne ressemblent en aucune manière à celles des organes extérieurs.

Les nerfs qui recouvrent la face interne des intestins différent essentiellement par leurs propriétés de ceux de la peau; ces derniers préviennent le centre animal de leurs sensations, et mettent le jugement dans le cas de s'exercer sur leur action, tandis que les premiers ont pour objet principal d'interdire au jugement la faculté de s'appliquer à leurs fonctions et à leurs désordres. Ces désordres troublent d'autant plus le jugement qu'ils sont plus violens; ils enlèvent toutes ses facultés quand ils sont considérables. « En général, dit Bichat, c'est » une question qui mérite d'être soigneusement » approfondie que la différence des sensations exté- » rieures et des intérieures. » *Anat. gén.*, *vol. I.er*, *pag.* 199.

Les excitations intérieures diffèrent pour chaque organe comme les extérieures; elles ont pour objet principal les propriétés et les fonctions organiques; elles décident de la sensibilité des nerfs des ganglions, et ceux-ci de la même propriété pour les organes cérébraux. Mille excitations différentes produisent mille degrés divers de sensibilité. Jusqu'à certain degré de vitalité, les nerfs internes des intestins provoquent la sensibilité naturelle en décidant de sa force; une excitation plus vive met en action la sensibilité non naturelle ; celle-ci change en raison des degrés plus élevés de sensibilité et d'irritation. Cette propriété, long-temps méconnue, nous éclaire sur la foule des erreurs que son ignorance a accumulées ; elle répand le plus grand jour sur les causes des révolutions qui ont lieu dans l'une et dans l'autre vie pendant la santé et dans les maladies ; elle est la clef d'une multitude de problèmes dont la solution se trouve dans l'examen des cadavres, et consiste dans les propriétés diverses dont sont susceptiples les organes abdominaux, les liqueurs muqueuses, le sang et les vaisseaux capillaires que peut pénétrer le sang artériel.

Bichat avait déjà reconnu une puissance qui agit sur le cerveau, quand il a dit : « Tout ce que nous » savons sur les sensations intérieures, c'est que » 1.° il y a un organe où siége la cause du senti- » ment ; 2.° que cet organe transmet au cerveau » les modifications particulières qu'il éprouve dans » ses forces vitales. Mais nous ignorons complette- » ment le moyen de communication de l'un avec » l'autre. » *Anat. gén.*, *vol. I.er*, *pag.* 172.

L'autopsie cadavérique nous éclaire sur les phénomènes dépendans des excitations des intestins, ou du rôle que jouent les nerfs de ces organes sur les propriétés organiques et animales ; mais rien ne nous indique comment se font les communications qui ont lieu entre le cerveau et cet ordre de nerfs. Les ganglions sont vraisemblablement chargés de ces relations, et leurs nerfs en sont les agens ; mais nous ne sommes pas parvenus, et nous ne parviendrons peut-être jamais à savoir si ces rapports sympathiques appartiennent à quelques nerfs particuliers, ou à tous ceux des ganglions qui se confondent avec les nerfs cérébraux. Les faits essentiels sont connus, mais les procédés d'où dépendent les phénomènes qui ont rapport à la sensibilité, sont et resteront peut-être long-temps couverts d'un voile épais. Au surplus la nécessité perd moins à cette obscurité que la curiosité et le desir d'expliquer ; l'art peut se satisfaire, et se suffire même, des faits que nous connaissons ; la physiologie seule desire encore, et perd à cette ignorance.

La médecine peut connaître le principe du mal et y arriver, elle peut suivre la série des désordres, calculer leur action et faire l'application des remèdes propres à obtenir la guérison.

Le rôle que joue le système artériel dans ces diverses affections peut être apprécié, mais il n'est pas toujours possible de le justifier sur les cadavres ; jamais la mort n'ajoute au développement des capillaires, et la plupart du temps elle efface les vestiges des inflammations. Bichat, et plusieurs autres anatomistes ont fort bien remarqué que la diathèse inflammatoire s'affaiblit sur les cadavres, et que souvent on serait tenté de croire que la phlogose dont on avait eu la preuve la moins équivoque pendant la vie, n'avait pas existé, lorsqu'on examine sur le cadavre la partie qui en a été le siége, sur-tout lorsqu'il s'agit des membranes muqueuses. On peut toujours présumer dans l'autopsie cadavérique que l'exaltation de la circulation était plus considérable, que les vestiges qui ont survécu à l'extinction de la sensibilité et de la contractilité organiques. L'expérience ou l'habitude en anatomie pathologique nous règle dans le jugement que nous devons porter sur ces sortes de lésions, que la comparaison nous aide à distinguer, lorsque nous avons été dans le cas de comparer souvent les mêmes organes, les mêmes appareils dans tous les temps de la vie, soit pendant la santé, soit dans les maladies.

Pendant le cours des affections qui dépendent de l'exaltation des propriétés abdominales qui, donnent lieu aux symptômes qui caractérisent les diverses espèces du second germe de la sensibilité non naturelle, nous avons des signes qui nous indiquent ces désordres. Ces signes plus ou moins constans, plus ou moins sensibles, consistent dans un état d'éréthisme de la langue, dans la fermeté de cet organe, dans le développement de ses papilles, la blancheur de sa base, l'exaltation de l'appétit et de la digestion; dans les troubles de ces fonctions, et le resserrement du ventre qui est fréquent, et qui tient à la contractilité des intestins, d'où dépend la constipation qui a lieu avec plus ou moins d'intensité, et qui est souvent remplacée par des déjections liquides. La rareté des urines et leur coloration sont souvent remarquables en pareil cas; cependant ces symptômes qui sans être particuliers à une espèce de ce genre, sont communs à toutes, peuvent fréquemment en imposer et paraître légers lors même que les accidens sont très-graves; ce qui provient des causes que nous avons énoncées plus haut, et dépend en partie des phénomènes qui se passent dans le rectum.

Une des choses qu'il est difficile de distinguer pendant le cours des maladies de ce genre, c'est la nature des causes efficientes qui ont le plus de part aux désordres de la tunique interne des intestins. Les vers ont peu de symptômes qui les indiquent, et souvent ces symptômes n'ont pas lieu; les matières bilieuses peuvent abonder, être fort noires dans les intestins grêles, sans que celles qui sortent par l'anus offrent cette couleur, ce qui en impose facilement aux personnes qui n'ont pas fréquemment ouvert des cadavres de gens morts dans l'ataxie ou dans les névroses. Les malades n'éprouvent aucune douleur dans l'abdomen, et le délire ou les autres signes de ce genre ont lieu alors, de la même manière que ce premier, quand il succède à l'abus des liqueurs spiritueuses; ce qui provient des propriétés des nerfs internes des intestins, différentes de celles de tous les autres nerfs ; d'où il résulte que les lésions de ces nerfs sont suivies du trouble des propriétés des organes cérébraux.

En remontant aux causes éloignées, et suivant leur chaîne jusqu'à la diathèse inflammatoire des intestins, l'art trouve dans la nature la conduite qu'il doit suivre pour la guérison. Les affections morales ont-elles été la source du mal ? il faut agir sur la vie intellectuelle. Les désordres de la peau ont-ils été les premières causes? il faut rétablir les fonctions de cet organe. La diathèse inflammatoire dépend-elle de la pléthore de tout le système sanguin ? il faut diminuer la quantité du sang. Les liqueurs alkoolisées ont-elles été le principe de la maladie? il faut en supprimer ou en diminuer l'usage. Les vers ont-ils été la cause première ? il faut les combattre directement. Mais quelles qu'aient été les causes éloignées, il ne faut jamais oublier les causes présentes, c'est-à-dire les troubles des fonctions de l'organe de la bile, ceux des intestins et ceux de tout l'appareil abdominal. Les évacuans et les antivermineux sont les remèdes directs sur lesquels on doit constamment insister. Le rétablissement des fonctions du derme est peut-être toujours indispensable ; l'activité des membres ne l'est pas moins, et lors même que la vie animale n'a point été l'objet des causes premières, il suffit qu'elle soit troublée, et que tous les moyens directs auxquels on peut recourir pour la rendre à son libre exercice, deviennent salutaires, pour qu'on doive en faire usage. Delà résulte le traitement moral si vanté de nos jours ; mais il faut bien se garder d'oublier que ce moyen n'est qu'un seul membre d'un corps qui en a beaucoup, qu'il est souvent insuffisant, lorsque la nature ne traite pas amicalement le médecin.

Toutes les affections du second genre de la sensibité non naturelle forment ensemble une famille, dont tous les membres se ressemblent par des signes communs et qui ont chacun des signes particuliers. De même aussi chaque espèce est le résultat d'une multitude de lésions qui ont des rapports communs dans toutes ces maladies, et des signes particuliers à chacune. Les désordres qui affectent pendant leur cours les divers organes, s'unissent également, mais ils diffèrent considérablement entre eux. Les propriétés vitales sont affaiblies dans la peau, elles sont exaltées dans les organes de la digestion, et dans ceux de la génération par où commence quelquefois cette longue chaîne d'altérations qui tendent au même but. C'est en appliquant à chaque partie du corps le remède qui lui convient qu'on parvient plus aisément à la guérison. Celle-ci peut avoir lieu fréquemment quoiqu'on n'agisse que sur un organe, lorsque cet organe peut réagir assez efficacement sur tous les autres, pour les rétablir dans leurs fonctions naturelles. Ce qui tient aux rapports sympathiques de toutes les parties organiques, par le moyen des systèmes généraux, et sur-tout de l'artériel et du nerveux organique, qui tendent sans cesse à rendre communes à toutes leurs parties, et sur-tout à leur centre, les excitations qu'ils éprouvent, n'eussent-elles pour objet qu'une petite portion de leurs ramifications, ainsi que nous en avons chaque jour la preuve dans les effets que produisent les vésicatoires. Cet ordre sympathique est à la fois la cause principale des maladies qui affectent toute l'économie, et des guérisons de ces maladies, quoique les causes d'une part, et les remèdes de l'autre, agissent sur des organes éloignés de ceux qui en éprouvent les résultats.

Les recherches faites avec le plus grand soin sur les organes de la vie animale, pendant les maladies dépendantes des propriétés du second genre de la sensibilité non naturelle, n'ont offert aucun résultat qui pût indiquer précisément que ces organes sont quelquefois le siége des lésions qui donnent lieu à ces maladies : cela vient-il de l'inexactitude des recherches ? de la difficulté de reconnaître ces lésions, ou bien de ce que leur siége est toujours éloigné ? De nombreuses ouvertures de cadavres m'ont démontré constamment que les organes abdominaux sont l'objet de ces affections. Les signes divers qui tiennent à ce genre de propriétés sont des phénomènes sympathiques.

Nous pouvons faire application aux affections nerveuses et ataxiques de l'opinion de Bichat concernant les fièvres. « Je crois, disait cet auteur, » que si on examinait attentivement les affections » locales et les fièvres aiguës, on trouverait tou» jours une espèce de fièvre correspondante par » sa nature à une espèce d'affection locale. » *Anat. gén.*, *vol. II*, *pag.* 502. Ces lésions diverses consistent essentiellement dans les altérations des organes muqueux de l'abdomen, et ces altérations ont pour objet principal les changemens que subit le système à sang rouge dans leur cours; le foie et la membrane muqueuse des intestins en jouent les rôles principaux : chaque tissu de ces appareils est vraisemblablement l'objet d'une affection particulière; dans les uns et les autres, les changemens dont sont susceptibles les capillaires qui sont accessibles au sang artériel peuvent opérer des différences infiniment multipliées.

Faites attention que l'abdomen est la région où le système nerveux organique tend sans cesse à rapporter toutes les lésions, où le sang tend continuellement à abonder, où il reflue de préférence lorsqu'il est éloigné de la peau, où il peut causer les plus grands désordres quand il est en trop grande quantité, à cause du mode de circulation de la veine porte et des changemens qu'éprouve la bile. Observez l'étendue des surfaces muqueuses qui, toutes tapissées de nerfs, sont exposées au contact des substances irritantes ; remarquez avec quelle facilité les causes de maladie se reproduisent dans cette région en raison des sympathies qui ont lieu entre les organes abdominaux, et avec quelle promptitude les sensations de ces organes peuvent être communiquées aux organes éloignés par les ganglions qui envoient des nerfs à tous, en même temps qu'ils président aux propriétés vitales des organes de la vie animale comme à ceux de la vie organique, et vous cesserez d'être étonné du rôle que jouent les organes abdominaux dans les fièvres et les névroses ; c'est-à-dire dans toutes les affections qui tiennent aux symptômes qui constituent le second genre de la sensibilité non naturelle. Les sensations qui appartiennent à la première espèce de ce genre sont infiniment variables, soit entr'elles, soit par leur durée ; elles s'unissent souvent avec la deuxième et la troisième espèces ; la première tient à une sensibilité moins exaltée ; la seconde est due à un état inflammatoire, et provient de l'excitation des nerfs compris dans la portion de la muqueuse intestinale, qui est phlogosée. La troisième espèce semble appartenir à des causes plus vives encore que celles qui entretiennent le délire ; les vers en sont, selon tout ce que présente l'ouverture des cadavres, une des causes les plus fréquentes ; les émissions immodérées de la bile, et les changemens qu'acquiert cette liqueur, paraissent avoir le même résultat en d'autres cas : peut-être encore ces deux moyens s'unissent-ils souvent pour le même but. Les faits que j'ai observés sur beaucoup de cadavres de personnes mortes dans les névroses les plus violentes, m'ont démontré que ces causes sont les principales de celles qui entretiennent ces affections, dans lesquelles les vers trichurides et les ascharides jouent les plus grands rôles. Les lombricaux, bien plus rares, ne m'ont pas paru avoir dans ces maladies, et sur-tout dans l'épilepsie, une part bien prononcée. L'autopsie cadavérique m'en a rarement présenté en pareil cas.

Les fièvres ataxiques ou malignes, qui commencent ordinairement par les signes bilieux, par ceux qui indiquent un état d'excitation plus ou moins considérable de la membrane interne des organes de la digestion, sont ordinairement entretenues par une disposition inflammatoire de cette membrane, mais cette affection n'en occupe que de petites parties ; souvent les taches enflammées s'excorient et donnent lieu à une sensibilité plus vive encore. Ces lésions proviennent vraisemblablement de l'action de la bile et de son émission irrégulière. Ce qui prouve ces deux faits, c'est que, 1.° cette matière est disséminée en petite quantité dans les intestins où elle offre une couleur plus brune et une fluidité moindre que dans l'état naturel ; 2.° que les parties phlogosées sont presque toujours en contact avec cette substance sur les cadavres ; 3.° que la fin de l'iléon et le cœcum, où ces matières s'arrêtent et séjournent davantage, sont ordinairement les plus altérés ; 4.° que ces altérations n'ont lieu que dans ces maladies, qu'elles s'étendent et se continuent dans la manie ou l'ataxie *chronique*. Cette dernière affection tient à la même cause que la première. Les intestins s'accoutument à ces lésions, et la digestion en devient plus active ; le trouble permanent de la bile entretient l'inflammation qui paraît augmenter en certains cas. De cette disposition proviennent les accès plus violens de manie, et les autres symptômes remittens ou intermittens qui appartiennent au second genre de la sensibilité non naturelle.

Les altérations d'où résultent les signes ataxiques varient vraisemblablement comme ces signes, qui sont périodiques chez quelques personnes et irréguliers chez d'autres. Tout ce qui augmente le trouble de la bile, la sensibilité de la membrane muqueuse des intestins et multiplie les causes irritantes dans ces viscères, concourt à rendre plus vifs ou à renouveler les accès de délire, et à produire les autres symptômes de ce genre. L'usage immodéré des liqueurs alkoolisées, les passions vives, tristes et sérieuses, certaines dispositions de l'atmosphère se rapportant aux phases de la lune et aux saisons, sont les causes ordinaires auxquelles sont dus les retours des accès, ou l'augmentation des symptômes de manie, lorsque la maladie est continuelle.

Nous ignorons comment agissent ces diverses causes ; seulement nous distinguons une partie des effets de quelques-unes : le calorique est de ce nombre. Ce principe dilate les solides et les fluides, qui cependant ont la propriété de résister jusqu'à certain point à son action, tandis qu'ils la subissent sous d'autres rapports. Il en est vraisemblablement de cette matière comme de toutes les autres ; la vie donne à nos organes le droit d'en refuser les portions qui n'ont pas acquis, pour ainsi dire, la propriété de faire partie intégrante de nous-mêmes. Le calorique excite vraisemblablement le derme, et il donne à nos humeurs des propriétés plus excitantes ; il augmente la quantité du sang, et porte l'exaltation dans les propriétés de l'organe biliaire : la bile devient plus abondante et plus excitante ; elle exalte les propriétés des nerfs internes des intestins qui réagissent sur tous les organes, particulièrement sur ceux de la vie animale. Cette liqueur agit peut-être encore plus ou moins vivement sur la vésicule, et se combine en plus grande quantité avec le sang ;

enfin son action se multiplie peut-être de bien des manières. Il en résulte toujours des troubles plus ou moins grands dans les propriétés des organes abdominaux et dans l'action de ces organes sur toute l'économie, et principalement sur les fonctions cérébrales. Tant que la chaleur dure, les mêmes phénomènes ont lieu, mais ils varient en raison d'un grand nombre de causes; les principales consistent dans la suppression plus ou moins prompte de la transpiration, dans l'abus des liqueurs et des alimens excitans; enfin dans tous les moyens qui troublent les fonctions de la peau, ou qui exaltent les propriétés des organes de la digestion. Ces divers moyens se combinent pour exalter les maladies qui tiennent au second genre de la sensibilité non naturelle.

Pour prendre une idée exacte de l'influence qu'ont les substances extérieures sur nos fonctions, et de leur pouvoir comme causes de maladies, et comme principes des propriétés du second genre de la sensibilité non naturelle, il est bon de se rappeler de ce que nous avons dit sur l'action des parties qui constituent l'atmosphère et de celles qui peuvent s'y unir accidentellement; c'est-à-dire des changemens que l'air éprouve en raison de la saison, du jour, de la nuit, et des phases de la lune. Les fonctions de la peau sont soumises à toutes les substances qui agissent sur elle; elles changent en raison de leur action, laquelle peut les troubler et les rétablir suivant la nature de ces substances. L'atmosphère éprouve à chaque instant des dispositions différentes sous l'influence du soleil. Ces dispositions varient sans cesse par suite des deux mouvemens de la terre, c'est-à-dire en raison du jour et de la nuit, de l'été et de l'hiver; elles varient suivant les phases de la lune, et suivant la multitude des causes qui sont particulières à chaque climat, à chaque portion du globe et à chaque site, éclairé ou ombragé, sec ou humide, etc.; d'où il résulte que le derme est exposé à l'irrégularité la plus grande pour ses fonctions, et que la vitalité des fluides qui le parcourent est soumise aux mêmes causes qui altèrent en même temps toutes les parties de cet organe.

La majeure partie des substances extérieures en rapport avec la peau ont une propriété telle, qu'elles affaiblissent la sensibilité et la contractilité organiques des vaisseaux de cet organe; d'où il résulte que la circulation du sang qui est relative dans tous les systèmes capillaires à ces propriétés, est bientôt ralentie suivant la proportion de leurs troubles : le sang devient rare à la surface du corps, et il reflue dans les organes internes; chacun de ceux-ci en reçoit plus ou moins en raison de sa sensibilité, de sa position, de l'activité de ses fonctions organiques, et sur-tout en raison de l'excitation qu'il éprouve et de celle à laquelle il est exposé. Sous tous ces rapports, les organes abdominaux semblent devoir en attirer beaucoup. La circulation de la veine porte est une des causes principales qui en retiennent et en déterminent de grandes quantités; ce qui tient à l'effet que produit la pléthore de ses branches sur le foie, dont les désordres et ceux de la bile sont proportionnés aux changemens que subit le système veineux particulier à cette région, et à l'action plus ou moins vive de cette liqueur sur la surface muqueuse des intestins; action qui règle à son tour la quantité de sang qui passe des capillaires artériels dans les rameaux veineux. Les dispositions que nous avons dit appartenir à tous les organes relativement à l'action et au repos, au pouvoir de la sensibilité de se développer, et au besoin qu'elle éprouve ensuite de se rapprocher de l'état naturel, sont une seconde cause d'accès maniaques et des autres accès qui dépendent du même genre ; enfin les changemens irréguliers de l'atmosphère sous le rapport de l'influence solaire ou lunaire, font encore une troisième cause des révolutions qui ont lieu dans les propriétés organiques et dans la sensibilité non naturelle. Certaines dispositions auxquelles le foie paraît sujet, et que partagent peut-être tous les organes glanduleux de l'abdomen, s'unissent à ces premières causes pour opérer les désordres périodiques et irréguliers auxquels est sujette la sensibilité non naturelle. Les phénomènes qui appartiennent à l'inflammation nous fournissent un moyen de faire connaître comment agissent ces causes. Supposons que l'atmosphère, dépourvue de la quantité de calorique qui est nécessaire à l'action régulière du derme, se trouve saturée de principes aqueux ou de miasmes delétères, qu'arrivera-t-il ? La contractilité insensible de la peau ne sera point provoquée, le sang deviendra rare dans les vaisseaux de cet organe, et il refluera dans les organes intérieurs ; si par une cause quelconque les organes muqueux de l'abdomen sont encore plus disposés à admettre ce fluide que dans l'état naturel, alors ils passent dans un état de pléthore qui peut varier encore par une multitude de causes accidentelles. Cette pléthore aura spécialement lieu dans la surface muqueuse des intestins, et elle suivra le cours de l'inflammation ; c'est-à-dire que les progrès augmenteront pendant cinq jours environ, et qu'ils diminueront ensuite ; mais cette diminution ne sera qu'imparfaite si de nouvelles causes entretiennent le mal, si la peau continue à être dans un état d'adynamie, si ses fonctions ne sont rétablies, si les matières bilieuses ont acquis des propriétés plus irritantes, si elles séjournent dans les intestins, si des vers irritent ces organes, si des affections morales entretiennent le désordre de la région épigastrique, si les alimens sont irritans ; enfin le mal fera des progrès, les accès, les rémissions, les exacerbations et les intermittences changeront en raison de ces diverses causes ; mais les maladies dépendantes de ces lésions seront toujours relatives à leur ensemble ; toujours on verra des rémissions succéder aux accès ; par-tout on trouvera une espèce d'oscillation se passant entre un moindre et un plus grand mal. L'influence des causes qui agissent sur la peau décidera d'une part, celles qui s'exercent sur les intestins détermineront les résultats de l'autre. Si la surface muqueuse est dans un état habituel de phlogose, la manie est constante ; si cet état augmente, les symptômes augmentent aussi : la diathèse inflammatoire est violente à certain âge et dans certaines circonstances. Les autres symptômes du même genre de la sensibilité non naturelle compliquent souvent la manie ; ils sont relatifs aux divers degrés de sensibilité et d'excitation des viscères muqueux abdominaux.

On cesse de s'étonner des symptômes infiniment variables et multipliés qui composent le second genre de la sensibilité non naturelle, lorsque l'on considère les états divers de la sensibilité générale. La multitude des signes qui donnent lieu aux maladies de ce genre résulte des degrés différens de sensibilité et d'excitation dont sont susceptibles les nerfs des intestins. La théorie de ces maladies se réduit à une doctrine bien simple lorsqu'on les examine à leur source et dans leurs causes générales ; lorsqu'on les considère dans leurs dispositions principales. Le contraire a lieu quand on prend pour base de leurs divisions la foule de signes à chaque instant confondus qui les caractérisent : la confusion est facile alors, si l'esprit de philosophie ne préside à la classification de ces affections, et on trouve sujet à de longues descriptions, sans acquérir d'idées exactes sur la maladie elle-même. Connaître les résultats est chose utile sans doute ; mais les principes sont indispensables à la science. Ces principes la réduisent à un petit nombre de faits qui règlent la conduite du médecin , et les jugemens de l'art sur des bases immuables.

Nous dirons donc en traitant des diverses affections qui composent ce genre de la sensibilité non naturelle, que leur principe est le même , mais qu'elles varient en raison d'une foule considérable de circonstances. Ainsi, par exemple, l'âge où les ganglions ne sont pas arrivés à certain développement, est sujet à un petit nombre d'affections nerveuses, ces affections consistent dans des mouvemens convulsifs ordinairement simples. L'âge où les ganglions ont acquis leur développement le plus grand est l'époque des affections violentes, de l'hystérie, de la manie, de l'hypocondrie, des vapeurs, des fièvres ataxiques, etc. L'espace de la vie pendant lequel les ganglions se flétrissent n'est plus le temps de ces maladies ; elles s'affoiblissent alors, leurs symptômes sont moins violens, leurs caractères sont différens : les tempéramens décident encore des changemens qu'offrent ces affections. Les divers états de l'atmosphère , la saison , les occupations, le régime, etc. etc. sont autant de causes accidentelles qui peuvent modifier le principe général. Comment alors s'étonner que la même cause produise tant d'affections diverses, lorsqu'autant de circonstances peuvent la modifier ?

Le cerveau et les organes des sens peuvent-ils être le siége des causes de ce genre de la sensibilité non naturelle ? On l'a prétendu, mais les lésions auxquelles on a attribué les maladies nerveuses et ataxiques ne sont rien moins que suffisantes pour le penser. Nonobstant que ces lésions se trouvent chez des personnes mortes en santé, ou de toute autre maladie, elles ne présentent aucune des conditions

ditions qui peuvent les faire admettre ; elles ressemblent à ces figures qu'on croit voir dans l'obscurité, et qui doivent l'effet qu'on leur attribue à la crainte ou à toute autre espèce de prévention. Ces lésions consistent principalement dans la forme irrégulière du crâne, dans certaines ossifications des méninges et du cerveau, dans la sérosité un peu plus ou un peu moins abondante que renferment les ventricules de ce viscère, dans le volume différent des vésicules des plexus-choroïdes, etc. Mais comment ces causes pourraient-elles produire de semblables effets ? La forme du crâne par exemple reste la même, les ossifications accidentelles ne se détruisent pas quoique les maladies auxquelles on les attribue, guérissent ; les sérosités contenues dans les ventricules ont lieu dans presque tous les cadavres, et sur-tout dans les affections adynamiques, qui proviennent de la diminution de toutes les propriétés organiques : les vésicules des plexus se développent dans les mêmes circonstances. Pour que ces dispositions puissent produire le développement de la sensibilité non naturelle, il faudrait au moins qu'elles excitassent, qu'elles développassent un état inflammatoire, et rien de semblable n'a lieu en pareil cas ; la plupart d'elles sont continuellement les mêmes, tandis que les symptômes qu'on leur attribue changent à chaque instant.

Pendant qu'on rapportait à des causes aussi vaines les affections qui caractérisent ce genre, on a eu une foule d'exemples de maladies du cerveau dans lesquelles la substance de cet organe était plus ou moins altérée sans qu'aucun signe ataxique eût lieu. La compression, il est vrai, suspend les fonctions cérébrales en raison de ce qu'elle est plus forte et qu'elle intéresse sur-tout le cerveau à l'origine des nerfs ; mais le trouble qui en résulte, loin d'exalter les propriétés animales, produit la paralysie qui est un état tout-à-fait contraire.

Vraisemblablement l'exaltation des propriétés organiques du cerveau détermine, ou peut déterminer la sensibilité non naturelle, mais les faits rapportés en pareil cas sont tellement inexacts, que nous ne pouvons rien prononcer sur la nature des signes qui les accompagnent. Il faudrait que les observations qui ont eu ces lésions pour objet, nous présentassent en même-temps, l'état de tous les viscères, de tous les appareils, de tous les tissus, de tous les systèmes. Comment sans cela prononcer que tel symptôme appartient à une lésion ou à une autre ? il faut connaître toutes les lésions, tous les signes, et avoir un grand nombre de faits qu'on puisse comparer entre eux, pour pouvoir décider sur les troublesqui accompagnent les uns et les autres. Le jugement ne peut s'exercer que comparativement et sur la multitude des exemples : il faut donc opposer les mêmes viscères dans toutes les maladies, dans tous les temps de la vie afin de distinguer les dispositions qui tiennent à la santé et à chaque état morbifique ; il faut sur-tout examiner les appareils qui remplissent les fonctions les plus actives de la vie, ceux qui sont exposés à un plus grand nombre de causes excitantes, et principalement ces vastes surfaces qui dans l'abdomen, recouvertes de nerfs faciles à être excités, sont de tous les organes les plus exposés à l'irritation, vu la multitude et la nature des substances et corps à l'action desquels ils sont exposés, et de la facilité avec laquelle l'état inflammatoire peut s'en emparer et changer leurs propriétés.

Les symptômes du second genre de la sensibilité non naturelle dépendent donc de causes bien différentes quoiqu'ils tiennent au même principe. Ces causes sont éloignées ou efficientes : les premières existent plus ou moins long-temps avant les maladies auxquelles elles donnent lieu ; elles préparent lentement les organes en quelques cas, activement en d'autres, aux désordres qui se développent ensuite. Ces causes sont déjà existantes à la naissance sur quelques individus; elles consistent dans l'exaltation des propriétés organiques des viscères abdominaux, et sur-tout de la surface interne des intestins; elles comprennent peut-être encore la susceptibilité particulière du système des ganglions, c'est-à-dire l'exaltation de la sensibilité naturelle; ce qui provient de ce que ce système répand par-tout l'excitation, et produit dans les organes des sens une susceptibilité telle que ces organes éprouvent plus vivement les sensations, que dans l'état naturel; le cerveau les reçoit de la même manière, et les relations établies par les nerfs organiques entre les organes cérébraux, les ganglions, et sur-tout les organes qui reçoivent beaucoup de ces nerfs sont tellement actives, que les excitations les plus légères sont suivies des accidens les plus graves dans les propriétés animales des organes de la vie intellectuelle, dans la contractilité du cœur, et dans les propriétés organiques de la surface muqueuse des intestins : les glandes muqueuses de l'abdomen participent bientôt à ce désordre et le mal va en augmentant.

Dès que la sensibilité organique des viscères abdominaux a outre-passé ses bornes naturelles, nous nous trouvons dans un état particulier d'excitation; alors les causes extérieures qui ont la faculté de développer la sensibilité, agissent plus vivement sur cette propriété, et l'exaltent facilement : les personnes qui sont dans ce cas éprouvent plus vivement toutes les sensations. L'épilepsie accidentelle tient souvent à cette cause; la frayeur la produit fréquemment, mais les mêmes choses qui déterminent cette sensation non naturelle, ne la provoquent pas également chez toutes les personnes; chacune l'éprouve plus ou moins vivement en raison de la susceptibilité de ses organes. Celui qui est affecté d'un accès épileptique par suite de cet accident, ne l'aurait pas éprouvé s'il n'eût été dans un état particulier d'excitation, si les propriétés des organes abdominaux se fussent trouvées à leur type naturel.

Ce qui a lieu chez l'enfant et chez quelques adolescens relativement à l'épilepsie, peut être comparé sous certains rapports à l'état où se trouvent les personnes affectées de vapeurs; les causes les plus légères produisent chez celles-ci des accidens plus ou moins graves. La sensibilité intérieure est facilement développée et exaltée; la région épigastrique, qui se trouve chez ces personnes dans un état habituel d'exaltation, est le centre où toutes les sensations convergent activement; c'est dans cette région que se développent les causes principales du désordre; des volcans en partent et portent l'incendie dans toute l'économie; c'est là le foyer commun duquel tous les organes de la vie animale reçoivent le principe qui les électrise, et qui dispose de toutes leurs facultés. Les organes cérébraux ont donc une action relative à celle de la région qu'habitent les ganglions principaux, et sur-tout relative à celle des organes qui reçoivent un grand nombre de nerfs organiques.

Quatre ordres de causes peuvent troubler les propriétés naturelles des organes abdominaux, et donner lieu au second genre de la sensibilité non naturelle; savoir, 1.° le désordre des fonctions de la peau; 2.° celui des opérations cérébrales; 3.° les alimens et les boissons irritans, les vers, et toutes les substances qui agissent directement sur les membranes muqueuses des organes de la digestion; 4.° l'excitation plus ou moins vive des organes génitaux.

Les affections dépendantes de ce genre sont fréquemment périodiques; cette disposition paraît tenir essentiellement au foie: peut-être la rate et les intestins y concourent-ils ? Ces deux glandes, et sur-tout la première, semblent jouer le rôle principal des affections qui se manifestent par accès à des époques plus ou moins régulières. Ce qui a lieu dans la matrice sous le rapport des évacuations périodiques, nous donne un exemple par lequel nous pouvons expliquer les phénomènes des révolutions nerveuses et ataxiques. La sensibilité organique se développe lentement dans ces divers organes en quelques cas, activement en d'autres. Ce développement est susceptible de divers degrés; arrivé à certain période, l'explosion a lieu et les crises s'opèrent. Ces phénomènes résultent souvent de plusieurs causes réunies : celles qui agissent sur la peau sont les plus actives; l'influence de l'atmosphère est la principale. Les changemens de celles-ci, et sur-tout ses dispositions plus ou moins électriques, la chaleur et les révolutions lunaires, sont autant de causes éloignées qui peuvent donner lieu aux maladies de ce genre, ou qui peuvent en hâter les accès.

Un petit nombre de moyens suffisent à la nature pour produire toutes ses opérations; la sensibilité qui est celui qui détermine tous les phénomènes de la vie, étant soumise aux substances extérieures avec lesquelles nous sommes en rapport, trouve, dans leur action, et dans la nature des organes auxquels elle appartient, le principe de toutes les révolutions qui ont lieu dans la santé et dans les maladies. Ces révolutions tiennent aux changemens continuels de la sensibilité, au développement périodique ou irrégulier des divers états dont elle est susceptible suivant la nature de chaque parenchyme organique et de chaque organe, suivant le rôle que joue ou que peut jouer le système à sang rouge dans les ramifications qu'il leur fournit. Les révolutions quotidiennes, celles qui ont lieu dans l'intervalle de plusieurs jours, d'un mois et de plusieurs mois, tiennent aux mêmes causes; elles dépendent du même principe.

Nous pouvons prendre pour exemple des révolutions de ce genre, l'apparition des règles, leur retour chaque mois, et leur suppression à un âge déterminé. La matrice qui subit ces révolutions les doit à trois états différens de la sensibilité; le premier se prépare lentement depuis la naissance jusqu'à la puberté; le second résulte ensuite du réveil de cette propriété : ce réveil est l'ouvrage de trente jours environ. Le troisième provient d'une exaltation plus grande encore de la sensibilité de la matrice, d'où résulte une suppression constante. Le principe de ces révolutions consiste dans deux degrés différens de sensibilité : le premier écoulement et son retour proviennent d'un même état de cette propriété; cet état se manifeste en premier lieu quand la matrice a acquis certain degré de vitalité. L'issue du fluide sanguinolent qui s'échappe par le vagin, résultat de cette exaltation, en produit l'affaissement; mais bientôt après qu'il est achevé, la sensibilité se réveille de nouveau, et le sang vient encore engorger les sinus utérins. Cet engorgement va en augmentant, jusqu'à ce qu'enfin arrivé au dernier période dont il est susceptible, l'écoulement a lieu comme la première fois. Cette révolution se continue jusqu'à l'époque où le sang refluant des organes des sens, qui se flétrissent, dans les organes internes, exalte leurs propriétés organiques, et détermine la suppression de l'écoulement périodique.

Ce qui prouve le développement de la sensibilité à chacune des époques précitées, ce sont les phénomènes qui les accompagnent, et qui consistent dans un état de mal-aise plus ou moins grand : tous les viscères de la digestion prennent part à ces révolutions; aussi la sensibilité abdominale augmente-t-elle alors. Les coliques, les borborygmes, etc., l'exaltation de la sensibilité animale des sens provenant sympathiquement des ganglions, concourent en même temps à nous démontrer le rôle que joue tout le système abdominal en pareil cas. La contractilité organique sensible et l'insensible sont augmentées, et l'état du pouls change plus ou moins, en raison de la facilité avec laquelle se fait l'écoulement, ou en raison de sa difficulté.

Tous les phénomènes intermittens qui tiennent au second genre de la sensibilité non naturelle, s'exécutent de la même manière que ces premiers: ils résultent tous des changemens que subit la sensibilité des organes muqueux abdominaux; mais ces changemens sont fréquemment déterminés par l'influence des causes extérieures, et sur-tout par celles de l'atmosphère.

Les révolutions et les troubles divers de la sensibilité sont en quelques cas des résultats de l'influence réciproque des corps vivans sur les substances inertes, et de l'action de ces dernières sur les premières, tandis que dans d'autres circonstances, elles résultent de la nature des organes et des propriétés des divers tissus organiques; elles varient dans le premier cas, en raison de la saison, du climat, du régime et de l'influence de l'atmosphère; dans le second, elles sont relatives au sexe, à l'âge et au tempérament. Ces diverses causes s'unissent souvent pour les mêmes fins. C'est ainsi qu'à l'approche des règles et de l'âge critique, les personnes affectées de névroses sont plus agitées : la même chose a lieu pendant l'été et dans certaines dispositions de l'atmosphère.

L'action des causes excitantes agit non seulement en produisant des révolutions passagères, mais encore en développant de plus en plus les propriétés vitales, et sur-tout celles des organes abdominaux. Les mêmes causes agissent ensuite différemment d'après ces dispositions ; de telle manière que la même action peut produire autant d'effets différens que les individus qui l'éprouvent sont dans des états contraires sous le rapport de la sensibilité : delà proviennent les phénomènes infiniment variables qui ont lieu dans les mêmes circonstances relativement aux causes efficientes. Ainsi, par exemple, une cause de frayeur produira une vive émotion chez l'un, tandis qu'un autre ne sera presque pas ému ; l'épilepsie aura lieu chez le premier, lorsque le second ne sera point affecté de troubles ultérieurs. Il en est de même pour le désordre des fonctions de la peau : la cause qui produit une fièvre bilieuse, ou une fièvre ataxique, chez certaines personnes, détermine des douleurs rhumatisantes chez d'autres, tandis que quelques autres encore sont affectées de rhume, de phlegmasie pectorale, etc., etc. Nous devons faire application de cette règle générale au second genre de la sensibilité non naturelle ; c'est en raison de la susceptibilité des organes sur lesquels les causes efficientes se font sentir, que les signes divers de ce genre se manifestent. Je suppose qu'un ver lacère la surface muqueuse des intestins, qu'arrivera-t-il ? Les accidens seront relatifs à l'état inflammatoire ou adynamique de cette surface d'une part, et à l'action du ver, de l'autre. Voyez ce qui a lieu dans les affections dépendantes de ce genre, et sur-tout dans les fièvres ataxiques. Rien de plus variable que les symptômes de ces maladies. Pourquoi ? Parce que chaque portion de la tunique muqueuse des intestins est dans un état particulier d'excitation ; parce que les matières bilieuses, et toutes autres qui sont irritantes, sont inégalement distribuées dans ces viscères ; parce que les vers, qui sont fréquens dans ces maladies, agissent un instant et non l'autre : ces changemens enfin sont subordonnés à l'action des substances que renferme le conduit intestinal, et à la sensibilité de chaque partie de ce conduit. Les signes cataleptiques, les mouvemens convulsifs, le délire, les spasmes tétaniques peuvent tous dépendre de l'irritation de la même partie, mais ils sont relatifs au rôle différent que joue le sang artériel, et à l'action plus ou moins vive des causes irritantes.

Mille degrés de sensibilité et d'irritation donnent lieu à mille symptômes différens; et la plupart des maladies qui occupent beaucoup celui qui les fait consister essentiellement dans la connaissance et dans la description de leurs signes, se réduisent à un petit nombre de faits et de principes pour le médecin qui observe à leur origine ce grand nombre d'affections qui se confondent et naissent d'un même principe et des mêmes organes.

Remontez aux causes premières, si vous voulez simplifier la science et donner des fondemens à l'art. Peu de faits, peu de principes, disait Bichat, donnent lieu à l'immensité des résultats. La nature ne varie pas à chaque instant ; les mêmes lois, les mêmes causes, les mêmes conséquences, ont lieu dans un temps comme dans un autre : les changemens qui surprennent davantage le vulgaire, n'étonnent pas celui qui sait combien le pouvoir de la nature est grand sans qu'elle s'écarte de ses principes, et malgré leur petit nombre.

Cherchons donc dans les dispositions essentielles des corps vivans, dans les changemens perpétuels de leurs organes, dans l'action réciproque des fluides et des solides, dans les relations qu'ont tous les êtres vivans avec les substances inertes et entr'eux, les causes des révolutions qui sont soumises à l'ensemble des phénomènes de la nature, et qui se renouvellent si souvent pendant le cours de la vie, soit conformément à l'ordre naturel, soit relativement aux accidens qui donnent lieu aux maladies.

La lumière et la chaleur solaire forment la source principale des causes éloignées des phénomènes de la vie pendant la santé comme dans les maladies. Ces causes agissent d'une manière différente à mesure que leurs effets se rapprochent des organes internes ; elles opèrent sur ceux-ci des phénomènes différens de ceux qui ont lieu sur la peau. Ces phénomènes sont tels, qu'ils développent de nouvelles puissances qui, en raison de leur immodération, reportent à leur tour le trouble dans toute l'économie.

Les organes extérieurs doivent en partie leurs fonctions et leurs désordres à l'action de l'atmosphère, qui varie en raison des influences éloignées, telles que celles du soleil, etc. les organes internes, au contraire, tiennent leurs fonctions et leurs désordres de deux causes principales qui sont unies à ces premières, mais qui agissent bien différemment. Les organes muqueux sont des principes d'action vitale ; les liqueurs qui en proviennent agissent sur les propriétés organiques, de telle manière qu'elles les entretiennent en quelques cas, et qu'elles les exaltent en d'autres au point de troubler les fonctions de l'une et de l'autre vie. Il résulte de ces deux dispositions, que les propriétés des organes externes sont sous l'influence de l'atmosphère, tandis que les propriétés des organes profonds sont soumises au pouvoir des organes muqueux. Les relations qui ont lieu entre ces diverses parties sont telles, que l'affaiblissement des propriétés du derme, qui résulte du défaut d'excitation de la part des substances inorganiques, produit le reflux du sang artériel dans les organes internes, et que cette liqueur va développer les propriétés des organes profonds parmi lesquels sont les centres des systèmes qui distribuent, pour ainsi dire, la vie dans toute l'économie : d'où il résulte que lorsque les extrémités de ces systèmes sont affectées, leur centre l'est bientôt ; mais il l'est de telle manière, qu'il éprouve un trouble différent, et que, lorsque la peau a été affaiblie, les centres du système nerveux organique et le cœur, qui se partagent les fonctions vitales, éprouvent un état d'excitation qui se fait aussitôt sentir sur les dernières ramifications de ces systèmes, et tend sympathiquement à réparer les troubles qu'elles ont subis. Ces relations sympathiques des extrémités éloignées des nerfs des ganglions et des artères, avec leurs centres, sont la source commune des causes secondaires d'où résultent les signes du second genre de la sensibilité non naturelle, ainsi que beaucoup d'autres affections indépendantes de ce genre. Les causes qui troublent les extrémités des nerfs et des artères sur la peau, sont souvent très-vives ; elles décident de l'intensité des causes secondes qui sont tout-à-fait contraires à celles-ci. Le sang reflue en grande quantité dans les régions profondes ; le système de la veine porte en conduit beaucoup au foie ; la bile devient abondante, et son action, unie à l'exaltation de la sensibilité de tous les organes abdominaux, devient un principe de désordre pour les fonctions auxquelles président les ganglions et le cœur. Les deux espèces de contractilité organiques sont en même temps exaltées, mais celle qui est insensible l'est sur-tout dans la région abdominale où les causes d'excitation se multiplient en abondance. Une substance qui contient beaucoup de matières combustibles, la bile, donne lieu à des phénomènes qui ont quelques rapports aux volcans qui bouleversent les parties où ils se dégagent : l'incendie provient de leur action, et la chaleur se répand dans tout le corps ; aussi remarquez que les maladies bilieuses, ataxiques et nerveuses, sont presque toujours accompagnées d'aridité de la peau. Une foule de causes consécutives se développent dans les intestins pendant que la bile les trouble ; elles s'unissent souvent à l'irritation que déterminent les substances avalées pour la production des maladies nerveuses ou ataxiques.

Les affections des organes internes ne ressemblent donc point à celles des organes externes ; leurs résultats sont tout-à-fait contraires, ce qui provient de leur sensibilité particulière, et des troubles fréquens auxquels les exposent l'immodération du sang, celle de la bile et des autres substances qui agissent sur les intestins ; elles sont les causes actives des symptômes du deuxième genre de la sensibilité non naturelle. Tout ce qui développe le premier genre de cet ordre dans les diverses parties du corps, concourt à produire ce second.

Les contusions, les incisions, les amputations des membres et toutes les lésions des extrémités sont fréquemment suivies des symptômes du second genre de la sensibilité non naturelle ; à quoi cela tient-il ? les désordres cérébraux proviennent-ils en ce cas de l'exaltation directe de ces parties, ou bien de l'excitation sympathique des organes abdominaux, de la surface interne des intestins sur-tout, et de la réaction de ces organes sur ceux de la vie animale ? Les signes de la seconde et de la troisième espèce de ce genre sont ceux qui ont ordinairement lieu en pareil cas ; la deuxième espèce sur-tout est la plus fréquente ; les fièvres ataxiques en résultent souvent. Si on consulte les symptômes de ces fièvres, on voit qu'ils sont les mêmes que ceux qui ont lieu lorsqu'elles proviennent d'autres causes. J'ai été dans le cas d'ouvrir plusieurs personnes mortes après des amputations des membres, dans un délire plus ou moins considérable, et toujours j'ai remarqué dans les organes de la digestion les mêmes troubles que ceux qu'on observe lorsque ces fièvres sont produites par d'autres causes. Si dans ce cas on fait usage des lois vitales pour chercher à connaître la source du délire et des divers signes ataxiques, on est porté à penser que ces désordres de la sensibilité proviennent des mêmes organes que ceux qui les produisent dans toute autre circonstance. La douleur est la sensation des parties organiques des extrémités, et le délire n'appartient qu'à un ordre particulier de nerfs; cet ordre est celui qui tapisse la face interne des intestins. Voici comment les choses semblent se passer : la douleur des membres lésés se communique à tout le système organique, elle trouble le cœur et les intestins; ceux-ci particulièrement lésés, réagissent ensuite sur les organes de la vie animale.

En attribuant le délire à l'action directe des nerfs des extrémités, nous commettons une erreur dans laquelle nous tombons souvent, c'est de prendre des causes antécédentes pour des causes consécutives. Les expériences faites sur les animaux vivans, les signes qui annoncent sur la langue et dans les évacuations, l'excitation des intestins et l'ouverture des cadavres concourent ensemble à nous prouver que le délire n'est point le trouble qu'éprouve la sensibilité dans les excitations des extrémités; qu'il tient à l'exaltation des propriétés vitales de la tunique interne des intestins.

Les symptômes de la troisième espèce du second genre de la sensibilité non naturelle résultent, tantôt de la lésion des nerfs, par des causes venant du dehors, tantôt de l'exposition au froid à l'époque où les cicatrices s'achèvent. Des mouvemens convulsifs ont fréquemment lieu dans le premier cas, le tétanos est quelquefois la suite du second. Les convulsions peuvent-elles dépendre directement de l'action du nerf lésé sur le cerveau? les ganglions prennent-ils toujours part à la lésion? tout nous porte à admettre cette dernière proposition. Toute contractilité involontaire paraît résulter de l'action des nerfs organiques et non de l'influence cérébrale. Cela revient aux principes admis par Bichat, et consacrés dans cet ouvrage relativement à la douleur et aux propriétés non naturelles ; cependant il paraît incontestable que tous les désordres tiennent à la lésion évidente, puisqu'il suffit souvent de diviser complettement le nerf ou de le cautériser pour faire cesser les accidens. Il y a une grande différence entre cette espèce d'exaltation de la sensibilité non naturelle, et celle qui constitue le délire : la première provient d'un trouble organique d'un nerf éloigné de l'abdomen, tandis que le délire tient à une lésion dont le siége est dans cette région.

Le tétanos qui résulte de cause extérieure peut-il provenir de l'action directe des nerfs compris dans la cicatrice, sur le cerveau? Les lois qui président à la vie, et l'ordre sympathique des diverses parties du système des ganglions ne permettent point d'admettre cette proposition. Toutes les sensations non naturelles agissent particulièrement sur les organes charnus de la vie organique ; toutes les lésions éloignées de la région épigastrique tendent à porter le trouble dans cette région, et comment pourrait-elle ne pas avoir une part très-active à cette affection? Aucune ouverture de cadavre n'a encore été faite avec assez de détail dans cette maladie, pour nous apprendre les changemens qu'ont subi pendant son cours les divers appareils abdominaux, et nous ne pouvons point dire de quelle manière chacun d'eux est affecté. Tant que les recherches anatomiques n'auront pas été faites avec une grande exactitude, l'autopsie cadavérique ne pourra point être invoquée à l'appui des divers raisonnemens dont le tétanos est l'objet. Nous n'avons donc pour fondement de nos dissertations sur cette maladie que les lois vitales qui président à tous les phénomènes de la vie, et les faits remarqués pendant leurs cours, ou les symptômes qui les caractérisent. Quant aux lois vitales elles ne nous apprennent point comment les lésions extérieures seraient dans le cas de déterminer des excitations qui contradictoirement à ce qu'on remarque sur les animaux vivans, dans les expériences, seraient dans le cas de causer plus de trouble dans les organes de la vie animale, que dans ceux de la vie organique. Tous les faits prouvent que les phénomènes les plus remarquables que détermine l'irritation ont rapport aux viscères charnus de cette dernière vie : et comment le cœur et les intestins pourraient-ils ne pas être vivement affectés alors ? Comment le centre du système des ganglions pourrait-il ne pas être vivement troublé lorsque quelques nerfs de ce système sont lésés ? cela serait tout-à-fait contradictoire à l'ordre des sympathies. Voici ce qui semble avoir lieu à l'invasion de cette maladie : les fonctions du derme sont troublées, le système organique est lésé dans celles de ses extrémités qui se distribuent à la surface du corps; bientôt le désordre passe aux centres de ce système ; le cœur et les intestins sur-tout éprouvent un état d'exaltation, le trouble se communique à tout l'appareil glandulo-muqueux de la digestion, et ces organes réagissent ensuite sur les muscles volontaires, sur les organes des sens et sur le cerveau. La cause première avait la peau pour objet, et la cause seconde, consistant dans les désordres des organes internes, détermine, par l'exaltation des propriétés de ces organes, les désordres que nous remarquons ; mais nous ignorons absolument en quoi consistent les lésions de l'abdomen. Quel rôle jouent le vers dans le tétanos ? quel trouble éprouve la bile ? nous ne le savons pas. Nous devons attendre des faits bien constatés et assez multipliés pour prononcer sur ces questions : nous pouvons présumer seulement que ces deux causes sont pour beaucoup dans toutes les espèces de tétanos. Si nous consultons les symptômes de cette maladie, nous reconnaissons dans tous ceux qui ont rapport aux organes de la digestion, que l'appareil muqueux de cette fonction est dans un état d'excitation plus ou moins considérable ; l'aridité de la peau, qui est quelquefois très-forte, nous apprend encore que la bile est pour beaucoup dans les causes excitantes. Les signes ataxiques qui s'unissent à cette première disposition, nous démontrent encore que les causes d'irritation ont leur siége dans les intestins.

Le cours du tétanos semble nous annoncer un état inflammatoire, qui devient tellement intense que du quatre au cinquième jour il donne lieu à la mort. Si cet état subit une rémission la maladie se continue, et peut-être alors consiste-t-elle dans une nouvelle inflammation qui suit son cours pendant que la première se guérit ou s'affoiblit. C'est ainsi que les choses semblent se passer dans les intestins pendant les fièvres ataxiques qui ont des jours critiques. Les cadavres des personnes mortes dans ces maladies offrent presque toujours des vestiges de divers états inflammatoires plus ou moins disséminés dans le conduit intestinal. Mais en présumant ce qui se passe dans l'abdomen pendant le tétanos, je suis loin d'engager à se persuader que les choses existent ainsi. Il faut des faits pour prononcer, et je me contente de conjecturer en attendant que l'autopsie cadavérique m'en fournisse.

Le tétanos aurait-il lieu si les viscères internes et la peau n'étaient dans un état particulier de trouble

trouble à l'invasion de cette affection ? Ne regardons-nous pas comme cause première une cause qui n'est qu'accidentelle et consécutive ; et si les viscères abdominaux n'étaient dans un état d'excitation, si toute l'économie peut-être, ne se trouvait dans un état de trouble, l'exposition au froid ou à l'air humide suffirait-elle pour produire cette maladie ?

Les désordres des propriétés organiques pouvant faire de grands progrès sans que la sensibilité non naturelle soit mise en action, les causes premières des maladies se multiplient souvent de plus en plus, et augmentent à un tel point que la sensibilité de chaque organe peut être plus ou moins éloignée de son type naturel, sans que les fonctions de l'une et de l'autre vie soient sensiblement troublées; d'où il résulte que les causes que nous appelons premières ne sont que des causes secondaires, et que les affections que nous croyons récentes, sont souvent anciennes ; mais elles sont long-temps latentes et cachées avant que de se faire sentir. C'est quand une cause plus ou moins active vient ajouter au trouble existant, que les maladies commencent. Le tétanos est vraisemblablement de ce nombre, il tient à un enchaînement de causes dont les plus éloignées nous échappent, et dont celles qui sont les plus actives nous sont inconnues.

De la Vie et de la Mort.

La vie est cette propriété qu'ont les corps organiques d'agir continuellement sur les matières avec lesquelles ils sont en rapport, d'en éprouver l'action, et de s'emparer de celles qu'ils peuvent convertir en leur propre substance, de manière à changer continuellement de nature sous leur influence ; elle consiste dans la sensibilité, suivant laquelle elle diffère. Cette propriété est une conséquence des attributs que reçoivent les corps vivans à leur formation ; elle varie en raison, 1.° de l'action des substances inorganiques ; 2.° du développement des organes ; 3.° des changemens que subissent le sang et toutes les liqueurs vivantes, soit dans leur nature, soit dans leur cours ; 4.° de ceux qu'éprouvent les solides qui concourent à la formation des divers parenchymes organiques. Ces changemens dépendent de deux causes ; l'une tient aux dispositions naturelles des corps vivans, et décide des révolutions des âges ; l'autre est relative au pouvoir des substances inorganiques sur ces corps ; d'où il résulte que la sensibilité varie suivant l'action de ces substances. Cette dernière cause est la source des révolutions intermittentes, régulières ou irrégulières, qui ont lieu dans la santé et dans les maladies : ces révolutions sont toujours relatives aux changemens qu'ont déterminés et que déterminent sur les corps vivans, les matières dont ils éprouvent l'action.

La mort est l'état négatif de la vie ; celle-ci suppose une action continuelle de toutes les parties vivantes sur elles-mêmes et sur les substances avec lesquelles chaque corps vivant communique : la mort, au contraire, résulte du défaut d'action des corps organiques sur les substances inertes ; elle dépend de l'inaction du pouvoir qui met ces corps dans le cas d'agir sur ces substances, de se les approprier, et de leur interdire la faculté de les soumettre aux lois physiques en les arrachant à l'empire des lois vitales. La mort résulte enfin de la domination que reprennent les premières de ces lois sur le domaine qui appartient aux secondes.

De la Vie.

La vie résulte du pouvoir réciproque des corps organisés et des substances inorganiques ; elle dépend d'un principe dont la nature nous est inconnue ; ce principe tient à l'action variable des substances inertes : d'où il résulte que la vie diffère comme cette action. Le pouvoir des substances inorganiques sur les corps vivans est relatif aux besoins des ordres divers de ces corps et à la nature des substances. C'est ainsi, par exemple, que les végétaux agissent particulièrement sur l'hydrogène, et les animaux sur l'oxigène ; de telle manière que la matière que refusent les uns, est indispensable aux autres. Ainsi le créateur du monde en soumettant tous les corps vivans à l'atmosphère, en unissant tous les phénomènes, distribua les besoins et les choses ; de sorte que les premiers sont en rapport avec les secondes. L'oxigène a tant de pouvoir sur la vie des animaux, qu'elle s'éteint dès qu'ils n'en éprouvent plus l'action. Ce pouvoir s'applique particulièrement au sang artériel, qui le conduit dans toute l'économie et le met, pour ainsi dire, en rapport avec toutes les parties vivantes dans lesquelles il entretient le principe de la sensibilité. Aussi toutes les expériences faites sur les animaux vivans nous prouvent-elles que sans l'oxigénation du sang, cette propriété ne peut avoir lieu.

L'oxigène agit sur la sensibilité de deux manières ; il la dispense quand il est uni au sang ; il la provoque quand il agit sur la peau. Dès que l'hydrogène excède dans l'atmosphère la quantité qui lui est naturelle, la sensibilité de la peau s'affaiblit, la coloration de cet organe diminue, et ce trouble premier devient cause de maladies. Les organes externes sont d'abord affectés ; les organes internes le sont ensuite : les fièvres intermittentes et les catarrales tiennent essentiellement à cette cause.

La vie ne dépend pas seulement de l'influence qu'exerce l'oxigène ; elle est encore soumise au pouvoir de la chaleur et de la lumière solaires.

Ces matières principales s'unissent par leur action. Dans les lieux ombragés, l'atmosphère est chargée de parties aqueuses, et les fonctions du derme sont plus ou moins faibles ou languissantes : dans les endroits soumis aux rayons solaires, au contraire, les fonctions de la peau sont plus ou moins actives. Cependant lorsque la chaleur est trop considérable, il en résulte des dispositions différentes.

La vie est soumise au pouvoir des matières qui sont plus ou moins généralement répandues à la surface du globe ; de telle manière que chaque espèce des corps vivans communique plus particulièrement avec quelqu'une de ces matières : il en résulte que chacune de ces espèces est en rapport avec un des fluides les plus répandus, dont elle éprouve plus ou moins le besoin; c'est encore d'après cette disposition, que chaque partie du globe offrant à sa surface des fluides modifiés particulièrement, ces fluides agissent différemment sur les espèces qui habitent cette région ; de sorte que celles-ci ont des propriétés et un caractère différens des propriétés de la même espèce, vivant dans d'autres climats. Par-tout enfin la vie est soumise au pouvoir des substances inertes, qui la modifient suivant leur nature. Ces substances agissent sur les animaux, dont elles éprouvent l'action sur trois grandes surfaces : la peau est la première ; les membranes muqueuses des organes de la respiration forment la seconde ; celles des viscères de la digestion composent la troisième. C'est sur ces surfaces que les substances qui sont soumises aux lois vitales, enlèvent aux substances inertes les principes qu'elles s'approprient, et auxquels elles transmettent les premiers attributs de la vie. Les membranes de la digestion sont celles qui exécutent les rôles les plus actifs et l'influence la plus grande qui soient attribués aux corps vivans, sur les corps inertes ; la peau a des fonctions moins étendues ou moins laborieuses, et les membranes de la respiration sont chargées de celles qui sont les moins composées.

La vie est soumise à des lois qui règlent le cours de chaque espèce ; ces lois s'attachent, pour ainsi dire, aux corps vivans ; elles résident dans leurs organes, et consistent dans le pouvoir de ceux-ci de se développer et de se perfectionner jusqu'à certaine époque. Arrivé à cette époque, chaque tissu organique commence une carrière nouvelle qui est tout-à-fait opposée à celle qu'il a parcourue ; c'est-à-dire que dans la première époque, la sensibilité allait en se perfectionnant, tandis que dans la seconde, elle va en s'affaiblissant. La décrépitude, prélude de la mort, commence à ce terme de la vie, dont chaque jour elle diminue l'empire en rétablissant les propriétés physiques, dont l'ascendant est le signal de la mort, celle-ci résulte de la prépondérance absolue que ces propriétés finissent par acquérir quand elles achèvent de détruire le pouvoir de la vie. Celle-ci, loin de s'éteindre complettement, passe, suivant l'ordre naturel, dans de nouveaux corps qui attendaient cette époque pour en jouir. La mort d'un animal est l'époque où plusieurs autres entrent dans la vie, qui conserve toujours le même pouvoir. Ce qu'une espèce perd, d'autres espèces le gagnent, et les choses sont constamment à-peu-près dans le même état.

La vie, comme la lumière solaire, est toujours la même, quoique sans cesse elle se déplace : le but de l'une et de l'autre, c'est de vivifier tour-à-tour tous les corps de la nature sur lesquels elles agissent, et d'entretenir le mouvement et le changement dans leurs substances. Le monde offre toujours les mêmes dispositions, la vie a toujours le même pouvoir ; les lois physiques et les lois vitales agissent constamment avec la même force : les révolutions perpétuelles ont lieu au détriment comme au bénéfice des espèces diverses. La multiplicité des générations, voilà le but de la nature.

Chaque corps vivant porte avec lui les organes, les lois et les moyens nécessaires à sa conservation ; il est en même temps l'objet de deux puissances qui luttent sans cesse ; l'une pour le conserver et l'entretenir conformément aux lois de son espèce ; l'autre pour le détruire et rendre sa mort utile aux espèces différentes, à la nourriture ou à la production desquelles il est nécessaire.

La chaleur est le principe qui donne, pour ainsi dire, la vie, tandis que l'oxigène, pour les animaux, et l'hydrogène, pour les végétaux, sont ceux qui la conservent. Ces matières, combinées dans l'atmosphère, n'agissent jamais isolément ; aucune d'elles ne pourrait suffire à la vie ; elles s'unissent dans leur action, mais chacune exerce un pouvoir différent, et plus ou moins étendu relativement aux espèces. C'est dans ces influences continuelles des matières inertes et des corps vivans, que réside le mouvement perpétuel.

Tout s'anime sous le pouvoir de la chaleur ; le principe d'où elle résulte répand la vie avec profusion ; les germes, agités par cette puissance, s'éveillent ; ils entrent dans la carrière à laquelle ils étaient destinés. Sortez la chaleur à l'univers, et la vie n'aura plus lieu.

En soumettant les corps vivans à la chaleur, la nature leur donna le pouvoir de résister, jusqu'à un certain point, à son action : elle leur a accordé le même attribut pour toutes les substances essentielles. Cela provient de la faculté qu'ont nos organes de n'agir que sur les substances qui ont acquis au-dehors de nous le pouvoir de faire partie intégrante de nous-mêmes, à moins que celles-ci ne se présentent en forces supérieures à celles des propriétés vitales, qu'elles attaquent alors avec tant de force, qu'elles remportent la victoire, qui est marquée par la défaite de ces propriétés.

Pour prendre une idée juste des phénomènes qui se passent entre les corps vivans et les substances inorganiques, il faut se représenter deux puissances luttant l'une contre l'autre, et chacune réagissant sans cesse sur elle-même et sur celle qui lui est opposée : toutes deux vivant aux dépens de ce qu'elles s'enlèvent mutuellement, et l'une ne s'enrichissant qu'aux détrimens de l'autre, le pouvoir de chacune est tel, que les résultats sont continuellement à-peu-près les mêmes dans tous les siècles. Les corps organiques sont toujours aussi multipliés, et les substances inertes aussi actives. Ces deux puissances tiennent au même principe : celui-ci consiste dans l'influence solaire ; il est le régulateur commun de tous les phénomènes qui se multiplient d'autant plus que son action se fait mieux sentir. Les générations se succèdent avec précipitation dans les contrées méridionales ; mais la vie est plus courte dans ces régions : les individus y perdent de l'étendue, ce qu'ils gagnent dans l'activité ; ils parcourent rapidement toutes les phases de la vie.

Les lois qui règlent les opérations de la nature sont donc divisées en deux ordres généraux ; l'un de ces ordres comprend les lois physiques, l'autre les lois vitales : les premières sont générales, les secondes particulières ; c'est-à-dire que les lois physiques ne s'éteignent jamais, tandis que les lois vitales ne dominent que par intervalle ; les unes et les autres tendent au but commun, qui est la métamorphose perpétuelle. Les corps organiques n'éprouvent que faiblement les propriétés physiques ; mais les propriétés vitales règnent sur eux plus ou moins vivement. Jusqu'à certain âge, les propriétés physiques vont en s'affaiblissant, et les propriétés vitales en augmentant. A cette époque, qui fixe à-peu-près le terme moyen de la vie, une révolution contraire commence ; les propriétés physiques reprennent chaque jour plus d'ascendant, et les propriétés vitales s'affaiblissent de plus en plus : dans le premier cas, les maladies inflammatoires sont dominantes ; dans le second, l'adynamie forme leur type essentiel. Toutes les facultés organiques et animales vont en se développant dans la première époque ; elles s'éteignent de plus en plus dans la seconde.

La vie, avons-nous dit, réside dans la sensibilité ; cette propriété est l'attribut des parenchymes organiques, mais ceux-ci n'éprouvent la sensibilité que sous l'influence du sang rouge, du sang oxigéné. Les organes vivent collectivement par cette influence : chacun d'eux cesse d'être sensible dès qu'il est sous l'influence du sang noir, dès que le sang qui circule dans ses vaisseaux artériels a perdu sa couleur rouge.

La vie résulte de l'action des organes de chaque individu sur les substances inertes et entr'eux : chaque espèce a des organes différens ; ceux-ci sont très-multipliés chez les animaux dont les fonctions organiques et animales sont les plus composées ; ils consistent dans l'entrelacement de divers ordres de vaisseaux et de nerfs, ainsi que dans l'assemblage de substances fibreuses de différentes natures.

Les corps organiques se divisent en deux ordres généraux ; les végétaux forment le premier, les animaux le second ; les premiers sont sédentaires, les animaux sont loco-moteurs : les organes de ceux-ci sont composés essentiellement de parties correspondantes à trois grands systèmes qui, répandus dans toutes les extrémités du corps, se réunissent à des centres placés dans les régions profondes. Le cœur est le centre du système vasculaire ; le cerveau est celui des nerfs de la vie animale : les ganglions reçoivent les nerfs qui accompagnent par-tout les artères ; ils président aux fonctions organiques.

Chaque système communique avec lui-même, de telle manière que toutes ses parties sympathisent entr'elles et avec leur centre. Ces systèmes établissent des relations entre toutes les parties du corps, et mettent celles-ci en rapport avec ces mêmes centres; le système nerveux des ganglions et l'artériel sont les plus répandus; la vie et toutes ses fonctions sont sous leur influence directe, et toutes les propriétés organiques sont relatives au rôle que joue le sang artériel dans les organes. Les propriétés animales sont proportionnées à l'influence directe ou sympathique de ces systèmes.

La vie est relative à l'âge, au tempérament et à l'influence des substances extérieures, et la vitalité de chaque organe est proportionnée au nombre plus ou moins grand de capillaires qui reçoivent le sang rouge, de telle manière que cette liqueur décide essentiellement du rôle que jouent les solides, sous le rapport des fonctions organiques et animales : ces fonctions sont relatives aux propriétés des fluides, tandis que la nature de ceux-ci est proportionnée à l'action des solides, de laquelle ils résultent : cette action est subordonnée à l'influence des substances extérieures sur toutes les parties vivantes, ainsi qu'à celle de toutes les parties organiques sur ces mêmes substances. Il résulte de ces divers faits, que l'harmonie la plus grande existe entre toutes les parties qui concourent à la structure de chaque animal, et entre l'influence réciproque des animaux et de toutes les substances avec lesquelles ils sont en rapport.

Les fonctions qu'accomplissent les animaux et celles qui président à leur vie sont donc soumises à deux pouvoirs essentiels : les astres sont les organes de l'un, nos viscères sont les agens de l'autre. Les émanations diverses qui composent l'atmosphère de notre globe sont les moyens par lesquels les organes universels agissent sur les corps organiques et sur les animaux en particulier. Nos organes internes sont les puissances qui par le moyen des systèmes qui en partent, président à l'action que nous avons sur ces substances. Les relations de ces puissances différentes, sont telles que l'atmosphère qui agit sur les extrémités de ces systèmes, tend sans cesse à faire sentir son action aux organes profonds, et que les fonctions des nerfs, et sur-tout de ceux des ganglions, ainsi que du système artériel, ont pour objet l'accomplissement de ces diverses opérations.

Les extrémités des nerfs et des artères reçoivent d'une part les impressions des substances extérieures et les transmettent à leurs centres, tandis que de l'autre elles éprouvent l'action de ces derniers, et la font sentir aux organes éloignés qu'elles concourent à former. L'atmosphère cesse-t-elle d'exciter suffisamment la peau sur laquelle son action est indispensable, aussitôt le sang que cette excitation retenait dans ses vaisseaux reflue dans les organes profonds; il exalte leurs propriétés, et ceux-ci réagissent avec plus ou moins de force, portent l'excitation dans les extrémités, et tendent ainsi à rétablir leurs fonctions troublées par les causes extérieures. Le cœur et les ganglions qui sont les centres des deux systèmes les plus répandus et qui président aux fonctions de l'économie, sont ceux qui jouent les rôles les plus importans de ces relations, de l'action desquelles dépend la vie, et dont l'immodération est la source du grand nombre des maladies.

De la Mort.

La mort est l'état négatif de la vie, elle consiste dans des dispositions contraires à celles qu'offre la première ; elle résulte de l'extinction de la sensibilité et du retour des substances soumises aux lois vitales, sous l'empire des lois physiques.

La mort peut affecter chaque partie des corps vivans, ou comprendre en même temps tout un individu ; elle a pour objet la sensibilité animale et la sensibilité organique ; tantôt ces deux propriétés s'éteignent en même temps, tantôt la première succombe d'abord et la seconde cesse ensuite. La mort est suivant l'ordre de la nature l'ouvrage du temps ; elle entre lentement dans le domaine de la vie pendant la décrépitude ; ses coups sont lents, mais ils ne sont point interrompus ; elle peut être accidentelle et subite, ou bien provenir de l'affaiblissement plus ou moins long-temps continué de la sensibilité.

La mort la plus prompte, celle qui affecte en même temps la vie dans toute son étendue, provient de la suspension de la respiration, c'est-à-dire du défaut d'oxigénation du sang artériel ; elle a lieu dès que le sang veineux ne perdant point sa couleur noire dans les poumons, passe ainsi du ventricule gauche du cœur dans les extrémités ; alors le pouvoir qui conserve et qui dispense même la sensibilité est tout-à-coup suspendu, la mort circule avec le sang noir, comme la vie circulait avec le sang rouge. La sensibilité et le mouvement répandus par ce dernier, sont tout-à-coup détruits par le contact du sang noir ; par-tout la mort arrive en même temps et la vie fuit à son approche. Les belles expériences de Bichat sur les animaux vivans, celles que nous répetons chaque jour, nous prouvent l'activité avec laquelle le sang noir porte la mort dans toute l'économie.

La mort étant relative, et consistant dans la destruction des propriétés vitales et animales, peut affecter les unes pendant que les autres sont intactes; elle peut être imparfaite et partielle. Les paralysies nous donnent un exemple de la mort partielle d'une propriété animale : la contractilité volontaire est éteinte quoique la sensibilité organique ne soit point altérée dans cette affection. L'amaurosis, la surdité, etc. nous fournissent de semblables exemples : les fonctions organiques continuent d'avoir lieu, mais les fonctions animales sont détruites. La gangrène nous démontre la possibilité de la mort partielle des propriétés organiques; et l'apoplexie, à son dernier période, nous présente un exemple de mort plus ou moins complette de la sensibilité animale, quoique la vie organique se continue.

La mort n'affecte que consécutivement les diverses propriétés, lors même qu'elle tend à les détruire toutes, tant que la respiration se continue. La vie animale est sans action aussitôt qu'on a séparé la tête du corps, mais la sensibilité organique existe encore, et la contractilité involontaire se manifeste toujours. Le cœur est susceptible de contraction ainsi que les intestins; les muscles volontaires peuvent même exécuter divers mouvemens, mais ces mouvemens ne sont point dus à une action cérébrale, ils n'ont lieu que sous l'influence des moyens physiques, tels que le principe magnétique. La vie organique meurt la dernière tant que la respiration a lieu, c'est-à-dire lorsque le sang que pousse le ventricule gauche est rouge ; la contractilité organique sensible cesse la première ; l'insensible s'éteint après. La mort est donc relative. Elle est lente ou active, partielle ou complette ; elle a rapport à la vie animale ou à la vie organique ; elle n'est complette que lorsqu'elle a détruit la sensibilité animale et la sensibilité organique ; celle-ci est le principe de la première ; tant qu'elle s'exerce avec une certaine force on peut conserver l'espoir de rétablir par elle la sensibilité animale, et de la rendre aux animaux qui l'ont perdue ; la chose la plus nécessaire en ce cas, c'est de provoquer la circulation par l'excitation, et de faciliter l'oxigénation du sang dans les poumons, par l'injection de l'air atmosphérique sur-oxigéné dans les bronches. L'indication urgente c'est d'agir sur le sang et sur les nerfs organiques, en provoquant la sensibilité à laquelle président ces nerfs. La contractilité insensible devient d'abord plus forte : c'est lorsqu'elle est parvenue à certain degré, que celle qui est sensible se réveille. Tels sont les moyens auxquels on doit recourir chez tous les asphyxiés, noyés ou étranglés.

La vie est donc un attribut bien indéterminé ; il est difficile de dire et de reconnaître là où elle commence et là où elle finit ; ainsi que tous les phénomènes naturels, elle se confond lentement avec l'ensemble des opérations de la nature ; la sensibilité qui en est l'attribut essentiel commence par un état qui diffère peu des propriétés physiques ; elle en est fort rapprochée lorsqu'elle est à son dernier terme d'extinction.

MAXIMES DE CET OUVRAGE

RÉDUITES EN PROPOSITIONS.

Première Proposition.

LA sensibilité est l'attribut essentiel de la vie; elle en est une condition si indispensable qu'on pourrait la prendre pour la vie elle-même; aussi confondons-nous souvent les mots de vitalité et de sensibilité pour exprimer cette dernière propriété; il y a cette différence cependant entre ces expressions: c'est qu'on n'emploie la première que pour indiquer la sensibilité organique, et non pour marquer la sensibilité animale naturelle, vu qu'à certain degré de vitalité ou de phlogose, cette propriété est convertie en sensibilité non naturelle, et que les fonctions auxquelles elle préside sont plus ou moins troublées.

La sensibilité est infiniment variable; elle diffère peu des attributs physiques à son premier état; elle augmente avec plus ou moins de lenteur jusqu'à certaine époque de la vie, elle s'affaiblit ensuite jusqu'à la mort. Chaque espèce de corps organiques jouit de cette propriété d'une manière particulière. La sensibilité organique est la seule qui soit attribuée aux végétaux; la sensibilité animale est le partage des animaux. Ce second ordre des corps organiques jouit donc de cette propriété en même temps qu'il possède la première; d'où il résulte que ses attributs, comme ses fonctions, sont plus étendus et plus compliqués que ceux du premier ordre.

Deuxième Proposition.

La sensibilité organique a pour objet la contractilité involontaire ; les végétaux ne jouissent presque que d'une manière insensible de cette dernière propriété ; les animaux en jouissent dans tous ses états, c'est-à-dire insensiblement et sensiblement. La contractilité insensible a pour objet le mouvement des petits vaisseaux, l'oscillation de tous les solides. Ce mouvement diffère comme la sensibilité, suivant les parenchymes auxquels il appartient : la circulation des capillaires est soumise à cette contractilité ; celle qui est sensible est destinée à la circulation des fluides en masse : elle n'appartient point aux végétaux parce qu'ils n'ont point de gros vaisseaux et point de liqueurs réunies circulant par l'action d'un organe particulier. Le contraire a lieu dans les animaux, le cœur est chargé de cette opération pour le sang ; l'estomac, les intestins, la vessie, etc. remplissent de semblables rôles sur d'autres fluides.

Toutes les fonctions vitales sont soumises à la contractilité organique. Les deux états de cette propriété se confondent lentement : la contractilité la plus forte est le partage des fibres charnues ; ces fibres réunies en nombre plus ou moins grand donnent lieu à la circulation des liqueurs en masse.

Troisième Proposition.

Toutes les parties qui concourent à la structure animale, solides ou fluides, se confondent lentement et d'une manière imperceptible ; elles résultent toutes de leur action réciproque ; les solides proviennent des fluides avec lesquels ils se confondent ; ils rentrent dans leur cours par suite d'une métamorphose perpétuelle : l'action des premiers est relative à celle des seconds ; ceux-ci sont excitans, les autres sont excités.

Les parties vivantes se confondent aussi lentement avec les matières inertes qui acquièrent leur nature, qu'entre elles ; les substances qui ont fait partie intégrante des corps vivans rentrent de même sous la dépendance des lois physiques.

Quatrième Proposition.

La sensibilité est relative à l'action des substances extérieures et à celle des liqueurs naturelles qui recouvrent la peau et les membranes muqueuses : la vie diffère suivant cette action ; elle est proportionnée à la vitalité des appareils qui nous mettent en rapport avec les corps extérieurs, savoir : la peau, les membranes muqueuses de la respiration et celles de la digestion. Les dispositions de l'atmosphère décident de la sensibilité de la peau et de celles des membranes de la respiration ; les matières avalées et les liqueurs muqueuses sont la cause directe de la sensibilité des membranes de la digestion, les causes indirectes qui provoquent cette propriété, sont toutes celles qui affaiblissent la sensibilité des extrémités et de la peau, et celles qui exaltent les propriétés animales sur quelques parties du corps.

Cinquième Proposition.

Le sang artériel contient les principes de la sensibilité ; cette propriété varie autant que les divers états dont est susceptible cette liqueur ; elle est d'autant plus forte que le sang est plus abondant, plus riche en fibrine, en albumine et en partie colorante.

Quelles que soient les qualités du sang, il ne provoque point la sensibilité, s'il n'a éprouvé dans les poumons le contact de l'air atmosphérique ; s'il n'est rouge, s'il ne conserve cette couleur dans tous les vaisseaux qui ne font pas partie du système veineux. Plus le nombre des petits vaisseaux parcourus par le sang rouge est considérable et plus

plus la sensibilité est forte ; cette disposition n'a pas lieu quand le sang stagne dans les capillaires, comme cela arrive souvent dans la conjonctive, etc. etc.

La sensibilité et la contractilité organiques sont en rapport indispensable avec le sang artériel, avec les changemens qu'éprouve le système destiné à cette liqueur, et avec toutes les causes excitantes, de telle manière que tout désordre de la circulation du sang rouge est une cause de trouble pour la sensibilité, et que toute excitation est un principe de lésion de cette fonction.

Le sang noir a des propriétés négatives de celles du sang rouge ; c'est-à-dire qu'il porte la mort, en s'opposant à l'exercice de la sensibilité.

L'oxigène est la source principale de la sensibilité, relativement aux animaux ; il donne au sang le pouvoir de la déterminer dans toutes les parties qui en sont susceptibles ; ce fluide dispose même les substances osseuses qui ne sont pas sensibles dans l'état naturel, à le devenir lorsque leurs petits vaisseaux admettent extraordinairement ce fluide.

Sixième Proposition.

Malgré que le sang donne aux animaux le pouvoir d'être sensibles, la sensibilité ne réside point dans cette liqueur ; et quoique les nerfs jouent sur cette propriété un rôle très-important, ils ne lui sont pas plus indispensables, pas même chez les animaux, où nous voyons que divers parenchymes sont sensibles, quoique nous ne puissions y distinguer aucun nerf. Les végétaux nous prouvent en même temps ces deux faits ; ils sont sensibles : cependant nous ne leur connaissions point de nerfs ; ils n'ont point de sang ; d'où il résulte que le principe premier, qui donne aux solides le pouvoir d'être sensibles, nous est inconnu ; nous savons seulement que ce principe ne peut agir chez les animaux sans l'influence du sang rouge et des nerfs, qui concourent ensemble à en régler le cours : peut-être résulte-t-il chez les végétaux d'un fluide qui a le même pouvoir que le sang.

Septième Proposition.

La sensibilité, propriété commune des solides, diffère pour chaque vaisseau et pour chaque fibre: elle varie pendant toute la vie, et n'est pas deux instans la même ; ses changemens accidentels sont subordonnés aux influences extérieures. Il n'est pas plus aisé de connaître les divers états qu'elle parcourt suivant l'ordre naturel, que de déterminer tous ceux dont elle est susceptible accidentellement ; elle offre cependant toujours des dispositions conformes à celles dont chaque partie solide est susceptible pendant la santé ou dans l'état de maladie. Ces changemens, quelle que soit leur étendue, sont conformes à des principes immuables ; ils en sont une conséquence ; autant de degrés de vitalité et d'excitation, autant d'états divers de la sensibilité ; mais dans chaque partie du corps, cette propriété a un type particulier dans la santé comme pendant les maladies.

Huitième Proposition.

On nomme sensibilité organique, celle qui ne met point la partie qui l'éprouve en relation avec la vie intellectuelle. La sensibilité est appellée animale, au contraire, lorsqu'elle établit cette relation, soit qu'elle éclaire le centre commun sur la nature de la sensation, soit qu'elle le trouble et nuise à son exercice. Ces divers états de la sensibilité se confondent d'une manière imperceptible : la santé a lieu quand ils demeurent à leur type naturel ; les maladies surviennent dès que cet état est troublé. La sensibilité animale est naturelle ou accidentelle.

Neuvième Proposition.

Chaque petit vaisseau, chaque fibre ayant un état de sensibilité particulier, il en résulte que chacun se meut à sa manière et en raison de l'excitation qu'il éprouve, soit de la part des fluides, soit de la part des causes extérieures, etc. De cette disposition proviennent les changemens considérables qu'on remarque entre les diverses parties d'un même appareil, d'un même organe et d'un même système pendant tous les temps de la vie. Cette disposition a principalement lieu pour les capillaires. On a peine à se figurer de combien d'états divers se compose, sous ce rapport, la sensibilité organique. Aussi ne doit-on jamais considérer cette propriété que comme attribut particulier de chaque partie solide, vu que les diverses portions d'un même parenchyme, d'un même système diffèrent entr'elles, relativement à la sensibilité organique, pendant la santé comme dans l'état pathologique.

Dixième Proposition.

Les fluides offrent des changemens aussi multipliés que les solides ; chacun d'eux se trouve dans l'ordre naturel, en rapport avec un vaisseau particulier ; ce rapport est le produit d'une opération vitale, qui rapproche de la nature des fluides contenus dans les petits vaisseaux, les fluides qui sont en contact avec leurs orifices. Ce changement se fait lentement, mais ses résultats sont tels à l'ouverture des capillaires, que l'affinité et l'attraction concourent à unir le fluide extérieur à celui qui circule dans ces vaisseaux : cette opération, loin d'être mécanique, résulte absolument des propriétés vitales, à l'activité desquelles elle est relative. La sensibilité du vaisseau, les propriétés excitantes du fluide, se mettent en rapport dans cette opération, et ce rapport décide de l'ordre ou du désordre de la circulation de chaque capillaire. Tout trouble des solides et des fluides devient, pour cette fonction, une source de maladie et une cause de lésion commune. La nature des substances vivantes, solides ou fluides, et les propriétés organiques et animales, se règlent en même temps les unes sur les autres; elles sont à-la-fois causes et résultats; dès qu'une d'elles est altérée, les autres le deviennent bientôt. Cette disposition, qui est commune à l'état de santé et à celui de maladie, est tantôt la cause de l'un, tantôt celle de l'autre; c'est-à-dire que toutes les propriétés tendent à-la-fois à entretenir l'ordre naturel, à le troubler, ou à le rétablir, en raison de l'action ou de l'inaction des causes favorables, ou perturbatrices, lors même qu'une seule de ces propriétés en est l'objet.

Onzième Proposition.

Les fonctions que remplissent les nerfs dans l'exercice de la sensibilité, ont pour objet de mettre en rapport toutes les parties du corps entr'elles et avec les organes auxquels ils se rendent. Les nerfs cérébraux président aux fonctions animales pendant la santé : les nerfs des ganglions remplissent le même rôle, pour la sensibilité organique, et vraisemblablement pour la sensibilité animale non naturelle. Les relations des uns et des autres consistent dans la communication des sensations qu'éprouvent les extrémités, aux centres respectifs, et dans la transmission à ces premières des opérations des derniers.

La sensibilité et la contractilité organiques ont entr'elles des rapports tels, que l'on ne peut provoquer l'une sans exciter l'autre : la sensibilité animale non naturelle s'unit à ces premières, dans les phénomènes qui en proviennent; d'où il résulte que lorsque la sensibilité organique est exaltée, la contractilité l'est aussi, et que la douleur, ou les autres espèces de la sensibilité animale, ont lieu. La contractilité de ce genre s'unit dans ces deux espèces; c'est-à-dire qu'on ne peut vivement provoquer celle qui est insensible sans déterminer celle qui est sensible, quelle que soit la distance des organes soumis à cette dernière. C'est ainsi que toute excitation des extrémités tend à troubler la circulation des fluides soumis à un organe charnu : le désordre du cœur, des intestins, etc., pendant qu'on irrite les membres, en fournit la preuve.

Les organes qui reçoivent un plus grand nombre de nerfs provenant des ganglions, sont ceux sur lesquels se font particulièrement sentir les excitations sympathiques; ce qui paraît tenir à ce que chaque rameau de ces nerfs participe au trouble de celui qui est lésé; d'où il résulte que les organes qui en reçoivent beaucoup, reçoivent aussi une plus grande quantité de causes de désordres.

Douzième Proposition.

L'ensemble des faits démontrés dans cet ouvrage concourt à prouver que la région où sont placés les ganglions est celle où tendent à se porter toutes les sensations douloureuses, que ces sensations déterminent le trouble de la circulation des gros vaisseaux et celle des organes de la digestion. De cette disposition proviennent une grande partie des maladies ataxiques et nerveuses, ainsi que les fièvres. Les rapports sympathiques qui ont lieu entre le cœur, les artères et les capillaires, entre le système à sang rouge et celui des ganglions, et entre toutes les parties du corps par le moyen de ces systèmes, sont le principe de ces diverses maladies. Ces rapports sont tels, que la sensibilité, d'abord relative au développement des vaisseaux qui contiennent du sang rouge, augmente en raison de l'excitation, et que le sang artériel abondant dans cette proportion, ajoute à la susceptibilité ; tels encore, que le cœur, qui est le centre du système sanguin ; que les intestins, qui reçoivent beaucoup de nerfs organiques, sont les objets des troubles de toutes les parties du corps, que ces systèmes concourent à former.

Treizième Proposition.

Les relations sympathiques des organes qui reçoivent beaucoup de nerfs des ganglions avec toutes les parties du corps, sont conformes, dans un sens différent, à celles qui lient celles-ci aux premiers; c'est-à-dire que les excitations de ces organes tendent à se communiquer à toutes les extrémités et à troubler toutes les fonctions. Les organes de la vie cérébrale sont particulièrement susceptibles de participer à ces désordres ; mais cette participation se fait de telle manière, que le trouble de la sensibilité animale naturelle est l'objet des lésions organiques qui ont lieu dans les intestins, tandis que la sensibilité organique des viscères de l'abdomen est celui des causes qui affectent la sensibilité animale, naturelle aux organes cérébraux.

La différence qui a lieu entre les désordres du cœur et ceux des intestins, sous l'influence des causes qui semblent devoir les affecter également, résulte des fonctions diverses de ces organes. La circulation de la veine porte, les propriétés des liqueurs muqueuses et leur action plus ou moins irritante sur les intestins, sont, ainsi que toutes les autres substances irritantes qui peuvent affecter ces organes, la source des désordres organiques qui ont lieu dans ces viscères, tandis que l'absence de ces causes pour le cœur est le principe de la différence qui a lieu entre les phénomènes qui lui appartiennent et ceux des intestins. Le cœur, recevant beaucoup de nerfs des ganglions, et par conséquent, participant comme les intestins, aux troubles du système organique, éprouverait de semblables affections, s'il était exposé à de pareilles causes secondaires : les lésions organiques de cet organe seraient même les plus intenses, en raison de ce que le cœur, éprouvant très-vivement les désordres premiers, serait fortement affecté de ceux qui émanent de ceux-ci ; mais ces causes secondaires, manquant dans cet organe, les désordres sympathiques qu'il partage n'ont rapport qu'à l'une de ses propriétés organiques, c'est-à-dire à sa contractilité.

Quatorzième Proposition.

Les lésions qui ont lieu dans les organes et dans les nerfs cérébraux, semblent affecter plus vivement encore les propriétés organiques, que les propriétés animales naturelles : elles développent les propriétés non naturelles. C'est du côté des ganglions que se manifestent les désordres sympathiques et ceux qui sont directs, dans les expériences faites sur les animaux vivans. L'irritation des nerfs cérébraux même est toujours suivie d'accidens qui se développent plutôt du côté des ganglions que du côté du cerveau ; d'où il résulte que toutes les excitations des extrémités, quelles que soient les parties qui en sont l'objet, tendent sans cesse à troubler les organes qui sont placés dans la région qu'occupent les ganglions et qui reçoivent beaucoup de leurs nerfs.

Quinzième Proposition.

La sensibilité et la contractilité organiques sont soumises à deux ordres principaux de causes. Le premier ordre comprend les substances et corps extérieurs, le second a pour objet les liqueurs naturelles. Ces causes diverses ont pour but d'entretenir et de provoquer la sensibilité sur les parties où elles sont appliquées, et de décider de toutes les fonctions organiques : elles se combinent entr'elles de telle manière, que les unes ont presque toujours des résultats contraires à ceux des autres, et qu'elles se provoquent mutuellement.

Quand les causes extérieures entretiennent le libre exercice des fonctions de la peau, celles des organes internes, et sur-tout des glandes et des membranes muqueuses, s'accomplissent de manière à favoriser la santé ; au contraire, lorsque, par les mêmes causes, les fonctions et les propriétés du derme sont troublées, celles des organes muqueux le sont bientôt sympathiquement, mais presque toujours dans des dispositions opposées. Ces désordres se succèdent de telle manière, que lorsque la contractilité insensible de la peau n'est pas suffisamment provoquée par l'atmosphère et par les matières qui lui sont unies, la circulation des divers systèmes capillaires de cet organe s'affaiblit ; le sang devient rare dans le derme, et il reflue dans les organes internes. Cette liqueur exalte la sensibilité de ceux-ci, elle en trouble toutes les fonctions ; le désordre des liqueurs muqueuses devient ensuite la cause la plus considérable de celles qui donnent lieu au grand nombre des maladies, qui proviennent de cette source, telles que les fièvres et les névroses.

Le mode particulier de circulation de la veine porte et la nature des fonctions abdominales, sont les causes principales qui établissent dans cette région le siége de ces maladies.

Seizième Proposition.

L'abdomen est le centre où se réunissent les troubles extérieurs; il devient alors un foyer d'où partent les irradiations qui portent le désordre dans toute l'économie. Cela tient à deux causes principales : 1.° au mode particulier de relation animale des intestins, à la multitude de causes de désordre qui s'établissent dans ces viscères lorsque la bile est altérée, et à l'action différente qu'ont dans ce cas les substances avalées ; 2.° à la concentration des principaux ganglions dans l'abdomen et au rôle que remplit dans toute l'économie le système auquel ils président ; savoir, aux propriétés organiques et animales, dont il dispose, pour ainsi dire.

Dix-septième Proposition.

Les divers degrés dont est susceptible le système abdominal dans ses propriétés, décident, pendant la santé, du tempérament, et dans l'état pathologique, de la nature des maladies qui affectent toute l'économie : les propriétés organiques et les propriétés animales sont également soumises à cette disposition ; elles diffèrent pour la peau, de ce qu'elles sont pour les membranes muqueuses de la digestion. Dans ces divers cas, la vitalité plus ou moins grande des viscères muqueux abdominaux, et sur-tout celle du foie, est la cause principale des changemens qu'offrent les propriétés de l'une et de l'autre vie : cela paraît tenir à ces trois causes essentielles ; 1.° à l'excitation des liqueurs muqueuses sur les vésicules dans lesquelles elles séjournent ; (ce qui n'a rapport qu'à la bile et au sperme ;) 2.° à l'action des diverses liqueurs muqueuses sur les membranes qu'elles parcourent ; 3.° à l'introduction de ces fluides dans nos humeurs et à leur influence directe sur toute l'économie. Dès que les organes abdominaux sont dans un état d'excitation un peu vif, leurs sensations sont sympathiquement transmises par le système des ganglions, à tous les autres organes, et surtout à ceux de la vie animale, dont chacun semble participer plus ou moins à ces lésions premières. Mais nous ignorons pourquoi ces organes ne sont pas toujours également affectés par suite de ces causes principales.

Il est impossible de calculer jusqu'à quel point la sensibilité peut varier pour chaque solide, pour chaque partie d'un même système, d'un même tissu. Cependant chacune de ces parties a pendant la santé, comme dans les maladies, un mode particulier de sensibilité.

Dix-huitième Proposition.

Les changemens qu'éprouve la sensibilité sont la cause des révolutions qui ont lieu, suivant l'ordre naturel, depuis la naissance jusqu'à la mort. Chaque jour cette propriété diffère de ce qu'elle était la veille ; mais cette différence est si lente, que nous ne nous en appercevons pas. La sensibilité organique se développe d'abord, la sensibilité animale s'éveille ensuite ; l'une est indispensable aux fonctions vitales, l'autre est peu utile aux fonctions animales, qui sont presque nulles chez l'enfant. Les membres se développent d'abord; chaque organe des sens, qui devient plus nécessaire, se développe ensuite : les uns et les autres se perfectionnent tour-à-tour. A l'âge où l'accroissement en longueur est fini, l'embonpoint survient, les organes abdominaux acquièrent plus de vigueur, et ceux de la vie animale plus de sensibilité. Cette cause exalte la sensibilité des organes génitaux, et les règles en sont un effet, chez les femmes.

L'époque où les deux vies, et sur-tout l'animale, ont plus d'activité, est toujours celle où les ganglions sont plus développés : quand ces organes se flétrissent, la vie intellectuelle s'affaiblit. Ces centres nerveux paraissent jouer des rôles très-importans sur la vie intellectuelle ; leurs révolutions sont toujours en rapport avec celles de cette vie pendant la santé : les désordres qu'éprouvent les nerfs internes des intestins sont cependant, bien plus remarquables encore pendant les maladies.

Le système artériel exerce le pouvoir le plus remarquable dans les révolutions naturelles des âges, comme dans celles qui sont accidentelles et qui donnent lieu à l'état pathologique. Le sang est le moyen de ces révolutions, qui sont en rapport avec la quantité qu'en reçoivent les organes qui en sont l'objet : plus cette liqueur afflue dans un organe, et plus la vitalité de celui-ci est forte ; mais chaque parenchyme organique porte en lui une loi qui lui permet de se perfectionner dans ses propriétés jusqu'à certaine époque, et qui l'oblige à se flétrir ensuite. Cette époque varie pour chaque espèce de corps organiques, pour chaque système et pour chaque organe.

Dix-neuvième Proposition.

La vie et toutes ses fonctions résultent de la sensibilité ; celle-ci provient de l'influence qu'exercent sur les corps vivans les matières essentielles de la nature, savoir la lumière, la chaleur, l'oxigène, l'hydrogène, etc., ces matières sont indispensables à la vie ; cependant chaque ordre de corps organiques est plus particulièrement mis en rapport avec une matière essentielle, savoir l'hydrogène pour les végétaux, l'oxigène pour les animaux ; ce dernier principe dispense pour ainsi dire la sensibilité en s'unissant au sang. La mort à lieu dès que cette liqueur n'en éprouve pas l'influence. L'oxigène change le sang veineux, qui est noir, en sang rouge : celui-ci entretient la vie, tandis que le sang noir porte la mort, et la donne à toutes les parties organiques qu'il touche, en y arrivant par les artères.

Vingtième Proposition.

La sensibilité animale présente deux dispositions essentielles : elle est soumise à la volonté en quelques cas, elle en est indépendante dans d'autres ; dans la première disposition nous l'appellons sensibilité naturelle ; dans la seconde, sensibilité non naturelle ou accidentelle. La sensibilité naturelle préside aux fonctions des sens et du cerveau ; la sensibilité non naturelle est un signe, un effet et une cause de maladie ; la première met les organes cérébraux en relation entre eux, la seconde établit des rapports entre toutes les parties du corps et le centre commun.

La sensibilité animale est donc naturellement partagée en deux ordres : le premier ordre comprend toutes les sensations naturelles et les fonctions de la volonté; telles que la vue, l'ouïe, l'odorat, le mouvement volontaire des membres, etc.

L'ordre deuxième a pour objet les sensations auxquelles la volonté ne préside pas; il est divisé en deux genres : le genre premier renferme les sensations douloureuses, c'est-à-dire toutes celles sur lesquelles le jugement peut s'exercer, et dont le centre animal éprouve la souffrance ; le second genre se compose de celles qui intéressent la vie intellectuelle et volontaire de telle manière qu'ils en troublent les facultés essentielles, c'est-à-dire que le jugement ne peut point s'exercer sur leur nature, et que la volonté ne peut régler les actions, qui pendant la santé lui sont soumises.

Ce second genre se divise en plusieurs espèces : les affections nerveuses légères composent la première; le délire et toutes les affections maniaques résultent de la seconde; les affections épileptiques, convulsives, cataleptiques et tétaniques, etc. donnent lieu à la troisième : chacune de ces espèces peut former plusieurs classes.

Vingt-unième Proposition.

De même que pendant la santé chaque tissu a un mode particulier de sensibilité, de même aussi il y en a un qui lui est propre dans l'état de maladie. Les sensations douloureuses appartiennent presque à toutes les parties du corps, dans l'état pathologique. Les convulsions peuvent, peut-être, provenir de la lésion de toutes les parties nerveuses : le délire résulte de l'excitation à certain degré, des propriétés organiques et animales de la tunique muqueuse des intestins : toutes les affections maniaques sont susceptibles de provenir de la même cause. Il est difficile de déterminer dans l'état actuel de nos recueils pathologiques, quelles sont les propriétés non naturelles du cerveau ; celles qu'on a attribuées au diaphragme sont encore plus équivoques ; celles des méninges ne peuvent pas être déterminées avec plus d'exactitude, vu que toutes les observations que nous possédons sur les symptômes qu'on a dit appartenir à ces divers appareils, sont incomplettes, en ce qu'elles ne font point connaître l'état de chaque système dans toutes les parties du corps, de chaque appareil et de chaque organe. Dans aucune de ces observations enfin, les dispositions que devait présenter chacune des trois tuniques intestinales, n'ayant été décrites, etc. nous ne pouvons pas savoir si les signes qu'on attribuait à une lésion, n'appartenaient pas à une autre.

Les nerfs internes des intestins paraissent éprouver directement les causes actives de la plupart des symptômes du second genre de la sensibilité non naturelle. Les phénomènes infiniment variables qui en dépendent sont relatifs à la susceptibilité de la surface interne de ces viscères, et à la force avec laquelle agissent les causes irritantes : ces phénomènes sympathiques, dont les organes cérébraux sont l'objet, sont encore relatifs aux dispositions particulières de ces organes; d'où il résulte que les uns sont plutôt et plus vivement troublés que les autres, lors même que les désordres premiers ne changent point. Les dispositions différentes de ces affections tiennent vraisemblablement encore à des causes qui nous sont inconnues.

Vingt-deuxième Proposition.

Toutes les fonctions du centre commun pendant le réveil, et dans le sommeil semblent être relatives aux excitations provenant des organes des sens d'une part, et des surfaces muqueuses des organes internes, de l'autre; celles des intestins sont les principales, celles des conduits biliaires et spermatiques viennent ensuite, de telle manière que pendant le réveil, ces divers organes agissent en même temps, et que dans le sommeil les excitations intérieures décident des rêves et de tous les troubles qui affectent la vie animale à cette époque; les actes des somnambules peuvent être rapportées à cette cause. Enfin aucune opération du centre commun ne paraît avoir lieu qu'en faveur d'une excitation sympathique. Les nerfs sont toujours les objets de ces excitations. L'obscurité de nos connaissances sur ceux des surfaces muqueuses et des organes glanduleux, etc. est la cause principale d'un grand nombre d'erreurs et de préjugés sur les causes de beaucoup d'opérations animales; cette ignorance favorise même le cours de quelques institutions utiles à l'ordre des choses abandonnées à la décision des humains.

Vingt-troisième Proposition.

La vie est soumise à des lois immuables; ces lois sont inhérentes à la nature des corps vivans; chacun de ceux-ci porte en lui le principe des révolutions qu'il peut parcourir suivant l'ordre naturel. Le sort de ces révolutions est dépendant des substances avec lesquelles chaque corps organique est en rapport ; de telle manière que l'ordre naturel, à chaque espèce, peut être modifié à l'infini par ces mêmes causes ; delà résultent essentiellement les changemens qu'offrent les espèces, en raison du climat et du site qu'elles habitent, en raison de leur régime, de leurs occupations et de toutes les communications, établies entre elles et tout ce qui les environne. La nature a déterminé les caractères généraux, elle a posé les principes de chaque chose, mais elle en a confié le destin aux lois qui président à l'univers, savoir les lois physiques et les lois vitales. Ces lois qui se confondent sous beaucoup de rapports, opèrent d'une manière différente sous d'autres ; les premières ne s'éteignent jamais, les secondes ne règnent que par intervalle ; les mêmes matières sont l'objet commun des unes et des autres, chacune en change suivant son action, la forme, les propriétés et les fonctions. Les lois vitales possèdent le pouvoir d'organiser ; les lois physiques tendent sans cesse à détruire ce que les premières ont établi ; les unes et les autres retirent d'un réservoir commun les principes sur lesquels elles agissent, ou les matières qui leur servent à produire et à conserver les corps qui proviennent de leur action. L'atmosphère est ce réservoir ; c'est dans l'espace qu'elle occupe que se confondent les émanations des astres avec lesquels la terre est en rapport, avec celles qui en proviennent. Les corps divers, organiques et inorganiques, s'approprient dans ce véhicule commun les principes qui leur sont nécessaires : leur existance et toutes les révolutions auxquelles ils sont soumis sont relatives au pouvoir différent de ces substances premières, et varient en raison des changemens qu'elles éprouvent.

Vingt-quatrième Proposition.

CHAQUE corps organique reçoit des substances extérieures les principes de son accroissement et de sa nutrition en même temps qu'il leur doit l'excitation continuelle qui entretient sa sensibilité ; c'est pour cela qu'il varie en raison des changemens qu'éprouvent ces mêmes substances ; aussi ne parvenons-nous pas à acquérir d'idées exactes sur la vie, quand nous ne comprenons pas dans son étude, toutes les parties auxquelles elle est inhérente.

La physiologie est une science très-étendue ; elle comprend toutes celles qui tiennent aux lois physiques en même temps qu'elle repose sur les lois vitales.

La peau et les membranes muqueuses des organes de la respiration agissent sur des substances fluides ; les membranes de la digestion, plus actives dans leurs fonctions, ont pour objet des substances liquides ou solides ; ces divers appareils sont destinés aux trois principales fonctions de la vie : de celles-ci l'une a pour but de donner les premiers degrés de vitalité aux matières qui vont pénétrer dans nos humeurs ; la seconde consiste dans l'émission au dehors de nous, des principes qui ont joui de la vie, qui ont concouru à l'entretenir, qui l'ont perdue, et qui rentrent sous le pouvoir des lois physiques ; la troisième comprend l'excitation que produisent continuellement ces substances sur la sensibilité et la contractilité organiques, en provoquant ainsi l'action des solides, la circulation des fluides et le mouvement perpétuel qui entretiennent la vie.

Vingt-cinquième Proposition.

LA peau et les membranes muqueuses sont chargées des grandes fonctions de l'une et de l'autre l'autre vie : les sens sont placés dans leur étendue, les nerfs qui ont sûr le centre commun, l'action la plus indispensable, celle qui décide pour ainsi dire du pouvoir de tous les autres organes, en font partie, en concourant à une grande surface, c'est-à-dire à la tunique muqueuse des intestins. Ces nerfs qui n'ont point l'attribut des sens, en sont les régulateurs par une action sympathique dont le moyen nous est inconnu.

Il résulte des dispositions que présentent ces appareils, que les opérations essentielles de la vie organique leur appartiennent, ainsi que celle de la vie animale, et qu'ils sympathisent de telle manière que l'un d'eux ne peut point être vivement affecté dans une partie, sans que les autres y prennent part. Mais cette réaction sympathique offre une disposition infiniment remarquable : celle-ci consiste dans le rapport qui a lieu entre le sang artériel et la sensibilité organique, d'où il résulte que le sang afflue dans la proportion de cette propriété, qu'il abonde là où elle est très-vive, tandis qu'il est rare là où elle est faible.

La peau est particulièrement exposée à être privée de l'excitation nécessaire à ses fonctions, tandis que les membranes muqueuses sont spécialement sujettes à une excitation trop vive; d'où il résulte que les maladies de ces appareils offrent toujours dans l'un, des dispositions contraires à celles qu'on remarque dans l'autre. Ces désordres différens sont les conséquences d'un même principe; ils se provoquent mutuellement ; en voici la cause et la manière.

L'excitation n'ajoute ni ne sort à la quantité de sang qui circule dans l'économie, mais elle en détermine ou en trouble le cours : lorsque tout-à-coup cette liqueur cesse d'être provoquée également dans le derme, elle reflue dans les organes internes; delà résulte une espèce de pléthore pour ceux-ci, tandis que la peau est affectée d'une disposition contraire.

Les causes qui éloignent le sang de la surface du corps étant très-multipliées, les phlogoses cachées doivent être fréquentes. C'est ce qui a lieu en effet, pour l'abdomen sur-tout, où le sang refluant en abondance, par les raisons que nous avons indiquées, y devient une source de désordres qui se produisent les uns et les autres; mais les degrés de diathèse inflammatoire variant à l'infini, il peut résulter de la même cause un grand nombre de maladies diverses; delà provient la différence plus ou moins grande de la multitude de celles qui émanent du même principe, telles que les fièvres, les névroses, etc.

Vingt-sixième Proposition.

De même que la vie résulte des causes qui mettent la sensibilité des germes en action, de même aussi la santé provient de certain équilibre entre les fonctions de la peau et celles de l'appareil muqueux; la première ne peut être vivement troublée sans que celui-ci le devienne bientôt. Cela revient sous certains rapports à ce que nous avons dit en traitant du sommeil et du réveil, de l'action et du repos.

Les forces vitales ont besoin de s'exercer alternativement avec plus d'intensité sur chaque organe; dès qu'un de ceux de l'économie les retient plus long-temps qu'il ne le doit, suivant l'ordre naturel, la santé est troublée et les maladies commencent : les deux vies sont soumises au même besoin, et par-tout nous voyons alterner l'action et le repos : les principes de la vie s'attachent aux solides quand ce dernier a lieu, ils s'en détachent pendant l'action pour fournir aux dépenses que celle-ci détermine dans les systèmes organiques et dans les cérébraux.

L'immodération des fonctions des organes de la digestion est encore une cause de phlegmasie, ou d'exaltation des propriétés organiques pour l'appareil glandulo-muqueux, où les affections morales portent particulièrement l'excitation ; d'où il résulte que cet appareil doit être le plus exposé aux maladies inflammatoires ; c'est en effet ce que démontrent l'observation et l'ouverture des cadavres.

Vingt-septième Proposition.

Tous les désordres de la sensibilité se rapportent à deux dispositions générales : la première consiste 1.° dans l'exaltation des propriétés organiques et animales ; 2.° dans l'exaltation seulement des propriétés animales, c'est-à-dire dans les lésions sympathiques des fonctions cérébrales sàns altération des parties qui sont le siége de cette affection. La deuxième disposition a pour objet toutes les lésions de la sensibilité où cette fonction est au-dessous de son type naturel, c'est-à-dire les affections adynamiques. Ces affections sont divisées en celles qui appartiennent à la sensibilité organique et animale, et celles qui sont propres à cette dernière seulement : dans le premier cas l'affection est locale, dans le second elle est sympathique.

Les causes des lésions de la sensibilité organique, quelle que soit la nature de ces lésions, agissent toujours en troublant la circulation des capillaires, et en altérant les tissus organiques, c'est-à-dire qu'elles s'exercent en rendant ces tissus malades ; tandis que les désordres de la sensibilité animale peuvent être sympathiques, provenir de causes éloignées, et ne pas altérer pendant quelque temps le parenchyme des organes souffrans.

De même que les exaltations de la sensibilité animale naturelle ou non naturelle, sont fréquemment sympathiques ; de même aussi l'affaiblissement de cette propriété provient souvent de causes éloignées.

Nous pouvons rapporter toutes les maladies aux dispositions suivantes :

Exaltation de la sensibilité organique avec lésion dans la circulation des fluides et dans le parenchyme des solides ;

Adynamie de cette propriété, accompagnée de lésions organiques, ayant des dispositions opposées aux précédentes ;

Exaltation des propriétés animales consécutivement aux désordres des propriétés et des fonctions organiques ;

Exaltation sympathique des mêmes propriétés sans désordre organique ;

Adynamie sympathique de la sensibilité animale sans lésions locales ;

Affaiblissement de la même propriété, par suite de désordre organique direct.

Vingt-huitième Proposition.

Le sang artériel est le régulateur de la sensibilité ; cette propriété est, dans tous les temps de la vie, relative aux changemens dont il est susceptible, soit dans sa nature, soit dans son cours : il est impossible d'avoir une idée exacte des désordres de la sensibilité et du rôle sympathique des nerfs, sans examiner attentivement les troubles qu'ont subi les vaisseaux à sang rouge dans les organes dont on veut connaître les propriétés directes et les affections locales ; cependant il n'est pas toujours possible de distinguer sur les cadavres, les changemens qui pendant la vie ont donné lieu à ces désordres : les vaisseaux qui ont extraordinairement admis du sang artériel, s'affaissant à l'époque de la mort, par l'extinction de la propriété qui y avait poussé cette liqueur. Cette remarque, qui a particulièrement rapport aux membranes muqueuses, ainsi que l'ont observé plusieurs anatomistes, et sur-tout Bichat, mérite toute la prudence du médecin dans les travaux d'anatomie pathologique.

Vingt-neuvième Proposition.

Le sang noir ou veineux stagne souvent dans les petits vaisseaux pendant les affections adynamiques ; cela provient de l'affaiblissement de la contractilité de ces vaisseaux ; il en résulte dans les membranes muqueuses, des hémorragies qui sont passives. Ce phénomène peut en imposer, pour un état de phlogose, à celui qui n'a pas une longue habitude d'observer les désordres des systèmes capillaires ; il est ordinairement accompagné d'autres symptômes d'adynamie qui aident à le reconnaître : tout indique dans la partie où cette disposition a lieu, qu'avant la mort, les propriétés organiques y étaient presque éteintes.

Trentième Proposition.

Il résulte de tout ce que démontre l'observation, que tous les phénomènes de l'une et de l'autre vie, de la santé et des maladies, appartiennent aux changemens dont sont susceptibles les solides et les fluides, dont les troubles sont relatifs et inséparables.

FIN.

EXTRAIT

Présenté à la Société de Médecine de Paris par MM. Deschamps, *Chirurgien en chef de l'Hospice de la Charité, et* Gastaldy, *Médecin en chef de l'Hospice des Aliénés de Charenton, membres de la Société, sur l'ouvrage de M.* Prost, *qui a pour titre :* Médecine éclairée par l'observation et l'ouverture des Corps.

Cet ouvrage est divisé en deux parties, dont l'une forme, pour ainsi dire, la synthèse du sujet à traiter, et l'autre, l'analyse ; celle-ci consiste dans cent treize observations de maladies presque toutes suivies d'ouverture de corps : elle sert de fondement et de preuve à la doctrine synthétique de la première partie, laquelle suppose encore un nombre bien plus considérable de faits anatomiques soigneusement constatés par l'auteur.

M. Prost pense, avec Bichat, que la nature, avare de moyens, « Est prodigue de résultats ; » qu'un petit nombre de causes préside par-tout » à une multitude de faits, et que la plupart de » ceux sur lesquels on est incertain, tiennent aux » mêmes principes que plusieurs autres qui nous » paraissent évidents. »

La première partie de l'ouvrage servant d'introduction, renferme des questions préliminaires sur les causes essentielles, les complications et l'enchaînement des maladies : ces questions sont discutées avec soin par l'auteur, et correspondent à l'ensemble des observations.

Les causes éloignées des maladies proviennent du désordre des fonctions, et leurs causes prochaines, de la lésion des appareils et des organes : ces divers troubles se combinent et s'accroissent comme les maladies elles-mêmes. Les fièvres et les névroses, suivant M. Prost, tiennent aux mêmes principes ; sa doctrine est fondée sur les signes de ces maladies, comparés aux altérations que démontre l'autopsie cadavérique.

Le rapport constant et la juxta-position des artères et des nerfs émanés des ganglions, les sympathies qui en résultent dans l'universalité de l'économie, l'influence qu'exerce le sang rouge ou artériel sur la sensibilité et sur toutes les fonctions, les modes nombreux d'excitation nerveuse, en raison du développement variable des artères, ou en raison de la plus grande quantité de sang que contiennent les capillaires, et de l'admission contre nature de sa partie colorante, l'espèce de circulation particulière à ces vaisseaux, sont autant de problêmes importans sur lesquels l'ouvrage que nous avons médité paraît répandre le plus grand jour.

Le quarante-cinquième article est spécialement consacré aux sympathies du cerveau avec les nerfs, soit avec ceux qui s'y rendent ou en proviennent, soit avec ceux des ganglions : le mode différent d'action et de relation des uns et des autres, l'influence du centre sur les extrémités, et de celles-ci sur le centre, sont démontrées de manière à fournir des conséquences bien satisfaisantes pour les observateurs.

L'auteur assure, d'après des observations répétées nombre de fois dans le cours de ses travaux anatomiques, que le désordre des fonctions du cerveau est rarement dû aux altérations intimes de cet organe : c'est dans les intestins qu'il a trouvé bien plus fréquemment le siége de la lésion principale, laquelle consiste éminemment dans l'inflammation ou phlogose de leur tunique interne; c'est par l'action sympathique des extrémités nerveuses qui aboutissent à ces organes, en raison des divers degrés de susceptibilité et d'excitation, et en proportion de la phlogose ou du développement des capillaires artériels, que les fonctions du centre animal sont troublées dans la plupart des maladies.

En traitant des sympathies des systèmes exhalant et absorbant, l'auteur communique des observations intéressantes sur l'absorption intestinale et sur la constipation; il rapporte à un même système combiné le tissu cellulaire, les membranes séreuses et le chorion cutané. Des recherches comparées sur le cadavre et sur les animaux vivans, lui ont démontré, ainsi qu'à ses collaborateurs, la réalité de ces analogies dans l'examen le plus attentif du parenchyme organique; il considère les bassinets et les uretères comme des membranes séreuses particulières, et les reins comme des glandes muqueuses.

Les sympathies qui ont lieu entre la peau et les membranes muqueuses, font le sujet du cinquantième article; les fonctions des unes et des autres, leur trouble, les altérations dont elles sont susceptibles, l'éloignement ou l'abondance du sang dans leurs vaisseaux, l'état de pléthore dans lequel passent les membranes muqueuses, et sur-tout celles des intestins quand la peau est affaiblie, l'action sympathique de ces membranes sur les glandes dont elles reçoivent les excrétions, l'influence que celles-ci exercent sur les nerfs et les capillaires artériels, sont autant d'objets de méditation et de faits qui expliquent plusieurs phénomènes des maladies aiguës, et spécialement des fièvres ataxiques, adynamiques et pestilentielles.

M. Prost traite ensuite des maladies en général, et sur-tout de celles qui affectent plus particulièrement les systèmes artériel et nerveux : c'est sur les sympathies des nerfs des ganglions avec les artères qu'il fonde la théorie de ces maladies qui comprennent spécialement l'inflammation, les fièvres et les névroses. Les troubles des organes de la digestion, ceux de la circulation et de la peau qui se confondent si fréquemment, résultent le plus souvent, suivant l'auteur, des sympathies qui ont lieu entre les exhalans, les artères et les nerfs des ganglions. Ainsi, d'après l'ouverture de plus de deux cents cadavres, l'observation a prouvé uniformément que l'ataxie provient de l'inflammation de la tunique interne des intestins, inflammation qui a lieu sans douleur, mais dans laquelle les nerfs de ces organes acquièrent une susceptibilité si vive, que leur excitation et leur action sympathique sur le cerveau, causent le trouble de ses fonctions ; ce trouble est d'autant plus considérable, que la phlogose de la membrane muqueuse intestinale est plus intense : dès lors les causes éloignées et prochaines de la fièvre ataxique, ses symptômes, ses complications, ses terminaisons différentes, les changemens fréquens qu'on remarque dans ses signes, enfin la cause des exacerbations, sont expliqués et définis d'une manière plus satisfaisante.

Les causes éloignées et prochaines de la manie, les désordres organiques qui lui donnent lieu, ses signes, ses complications, son cours et ses phases multipliées, font le sujet d'un article intéressant. Les fonctions lésées de la peau, l'action immodérée des organes des sens et du centre cérébral, l'influence de ce dernier sur le système hépatique, l'accroissement des fonctions du foie, le changement de nature et l'abondance de la bile, l'augmentation de la susceptibilité de la membrane muqueuse des intestins et la multitude des causes qui l'irritent, sont autant de circonstances très-remarquables chez les maniaques : l'intensité des signes de la manie est sur-tout relative à la susceptibilité et à l'excitation des nerfs des intestins. La doctrine de l'auteur est fondée sur les altérations qu'indiquent les symptômes qu'on observe dans le cours de la maladie et sur celles qu'offrent les organes des personnes mortes pendant sa durée. Deux observations de ce genre, vérifiées récemment par le médecin en chef de l'hospice de Charenton, d'après l'ouverture des cadavres faite sous ses yeux, nous ont fourni le moyen de justifier les principes adoptés par l'auteur sur la théorie de cette maladie, et sur les altérations constantes qu'il a reconnues dans les membranes muqueuses des intestins. Ces observations, trop étendues pour être insérées dans notre extrait, seront incessamment communiquées à la société.

L'introduction ou dissertation préliminaire de l'ouvrage de M. Prost, dont nous avons indiqué sommairement les principales dispositions, est terminée par des observations indispensables sur les fièvres bilieuse, muqueuse et angioténique : il y a cependant lieu d'être étonné que l'auteur n'ait pas placé ces objets à côté des autres genres de fièvres dont il a précédemment parlé ; il s'excuse sur ce défaut de méthode, en ce que croyant d'abord pouvoir borner son travail au développement des causes de la fièvre ataxique, il s'est vu tellement entouré de matériaux, à mesure qu'il lui a été plus facile d'exécuter par lui-même un plus grand nombre d'ouvertures de cadavres, qu'il a dû embrasser un plus vaste horizon. Aussi a-t-il pensé que son ouvrage exigeait un titre analogue à la généralité des faits qu'il continue tous les jours d'examiner, d'étudier et de coordonner d'après un plan bien plus étendu qui comprendra, à l'imitation de Morgagni, l'universalité des maladies.

Un zèle si louable nous a paru mériter de la société quelque encouragement en faveur de M. Prost : celui qui le flatterait le plus, serait d'être admis parmi nous. Il est de la dignité d'une société savante d'accueillir et de distinguer le talent, et sur-tout la bonne volonté de ceux qui s'occupent, avec ardeur et sans relâche, à étendre le domaine de la science.

DESCHAMPS, GASTALDY, *D. M.*

Première observation communiquée par le médecin en chef de l'Hospice des Aliénés de Charenton, et jointe à l'extrait fait par MM. GASTALDY *et* DESCHAMPS.

UN homme âgé de trente-six ans, d'une stature élevée, d'une constitution très-forte, fut conduit à l'hospice de Charenton, le 18 thermidor an XI: son air dur et sournois en imposa tellement aux infirmiers, qu'ils le firent enfermer dans sa chambre pour la sûreté de tous ceux qui l'entouraient, malgré l'espèce de calme dont il paraissait jouir; ce calme trompeur ne dura pas long-temps; le délire survint et fut en augmentant d'une manière effrayante : peu d'heures après ce malade saisit et brisa tout ce qui se trouvait en son pouvoir; il menaçait *de son glaive souverain tous ceux qui oseraient s'approcher de lui ou mépriser sa puissance;* sa bouche pleine d'écume s'ouvrait et se fermait avec grincement des dents; ses yeux extrêmement saillans roulaient sur leur axe sans se fixer nulle part, les convulsions lui faisaient exécuter des mouvemens extraordinaires en tous les sens. Ces symptômes divers durèrent trente-six heures, environ, sans qu'il se couchât, ni prît aucune nourriture. A cet état succéda une espèce de lassitude générale, ensuite une léthargie qui dura pendant vingt-quatre heures avec des signes de spasme plus ou moins violens; le pouls était petit, serré et fort irrégulier, la respiration courte et précipitée, le visage très-décoloré, les machoires resserrées. Après quelques instans de calme ou de prostration, de nouvelles agitations se répétèrent; elles furent aussi violentes que les premières, et accompagnées des mêmes symptômes, avec cette différence, cependant, que le malade ne refusa pas les alimens qu'on lui donna. Ce délire dura quelque jours, ensuite il diminua peu à peu ; le 15 fructidor le calme était assez notable.

Les rechûtes ont été plus ou moins fréquentes depuis cette époque, elles revenaient erratiquement, suivant que le malade était affecté d'impressions plus désagréables. Mais son caractère constamment méfiant lui en supposait quelquefois de chimériques qui le portaient à des actes de fureur : dans le nombre de ses accès il en eut un quatre mois après son entrée dans l'hospice qui fut le plus remarquable par sa longue durée, et par une abstinence de nourriture qui le réduisit à une maigreur extrême : on fut même obligé de se saisir de lui pour lui administrer les secours appropriés ; les forces se rétablirent enfin dans leur premier état. On profita de ces momens lucides pour le questionner sur l'origine de son mal, sans pouvoir obtenir des éclaircissemens tels qu'on l'aurait desiré ; on parvint seulement à savoir que la maladie avait commencé à l'âge de vingt-deux ans, que depuis cette époque les accidens avaient été en augmentant d'intensité et de fréquence ; il ne pouvait, disait-il, en attribuer la cause qu'à une foule de fantômes dont on l'avait souvent entretenu dans son enfance ; son état alternatif en bien et en mal continua jusqu'au 24 germinal année présente, époque où il eut une rechûte bien plus grave que les autres, elle l'excitait à des vociférations qu'il n'avait pas encore eu : l'intensité des accidens augmenta jusqu'au 2 floréal, où un dernier accès, accompagné de contractions spasmodiques très-violentes fut terminé par la mort.

Ouverture du Cadavre.

Stature élevée, cheveux et barbe noirs, membres forts, embonpoint, musculaire, muscles fermes, secs et un peu poisseux, la lèvre inférieure serrée entre les dents et mutilée.

Le crâne fort dur, les vaisseaux des méninges, des plexus-choroïdes et du cerveau, ainsi que les sinus, gorgés de sang; chaque ventricule latéral contenait environ un gros de sérosité.

La langue ferme, sillonnée et blanche, les papilles coniques, saillantes et rudes au toucher.

La partie postérieure des fosses nasales, et le pharynx un peu phlogosés, excoriés, et enduits d'un mucus purulent et très-abondant; le larynx, la trachée et les bronches n'offraient rien de particulier.

Les poumons paraissaient dans l'état naturel, excepté le gauche qui avait contracté à sa partie inférieure une adhérence récente; la substance de ce viscère était aussi plus rouge et plus ferme en cet endroit.

Le cœur et les gros vaisseaux contenaient beaucoup de sang.

Le ventre, applati et même enfoncé; ses tégumens recouvraient une grande quantité de graisse.

L'estomac un peu resserré; cette disposition semblait due à l'état de contraction dans lequel étaient restées ses fibres charnues; ce que confirmait les rides multipliées de sa tunique interne qu'enduisait un mucus tenace et glaireux, qu'on trouvait en contact avec des matières bilieuses très-vertes.

Le duodénum renfermait beaucoup de substances bilieuses, de couleurs variées; la membrane interne de cet intestin présentait diverses petites phlogoses, dans le voisinage desquelles les cryptes muqueuses étaient très-rouges; son épaisseur, moindre que dans l'état naturel.

Le jéjunum avait à peu près les mêmes dispositions que le duodénum, les phlogoses y étaient plus multipliées, et les matières bilieuses plus abondantes.

L'iléon était, ainsi que les précédens, plus resserré que dans l'état naturel, sa face externe présentait diverses petites inflammations, on en trouvait de plus grandes et de très-nombreuses dans la tunique interne de cet intestin qui contenait beaucoup de matières bilieuses; les deux tiers environ de cette tunique étaient phlogosés vivement; sa dernière portion était la plus altérée.

Le cœcum, peu dilaté contenait des matières très-jaunes et épaisses, sa tunique muqueuse, légèrement phlogosée, ses valvules nombreuses et fermes, ses fibres charnues semblaient restées dans l'état de contraction.

Le colon, dans toute son étendue, resserré et gorgé de matières solides en crottins assez durs, qui étaient en partie séparés par les replis de sa tunique interne; on y remarquait diverses petites phlogoses, et des vers ascarides; la portion descendante, enfoncée dans l'hipocondre, était la moins altérée et la plus resserrée.

Le rectum contenait une grande quantité de matières dures; sa tunique muqueuse différait peu de l'état naturel.

Les glandes du mésentère, grosses et rougeâtres.
Le pancréas n'avait rien de particulier.

Le foie, d'un volume considérable et d'un rouge foncé, sa substance se déchirait aisément; tout le systême de la veine porte, gorgé d'un sang épais et de couleur brune. La vésicule, extrêmement dilatée; la bile, très-abondante, glutineuse et d'un vert noirâtre.

La rate, molle et pulpeuse, avait environ deux fois le volume naturel.

Les reins semblaient plus rouges et plus gros qu'en santé. La vessie, très-dilatée par l'urine.

L'ABONDANCE du sang dans tout le systême de la veine porte, et de la bile dans la vésicule, la couleur foncée de cette liqueur, la grande quantité qu'en contenaient le jéjunum et l'iléon sur-tout, l'inflammation de leur tunique interne, l'engouement des gros intestins, l'épaississement des matières contenues dans le cœcum, la fermeté et la forme de celles qui s'étaient moulées dans les cellules, résultants des replis de la membrane interne du colon, le rétrécissement de cet intestin, son enfoncement dans l'hypocondre, le volume et la couleur du foie, le développement de tout l'appareil glanduleux abdominal, sont des faits les plus remarquables de cette observation; ils sont conformes aux principes fondamentaux de l'ouvrage de M. Prost, qui observe qu'en toute affection maniaque il y a augmentation des fonctions des organes muqueux, développement des capillaires artériels dans les intestins, accroissement de la susceptibilité de leurs nerfs, multiplication des causes qui les excitent, disposition plus vive de ces viscères à éprouver, et transmettre au centre animal leurs sensations, tandis que le cerveau n'offre sur les cadavres de ceux qui sont morts dans le cours de la manie, aucune altération organique spéciale.

De tous ces phénomènes importans, M. Prost a tiré des conséquences qui sont propres à perfectionner le traitement de cette maladie, en le rendant de plus en plus rationnel. Ainsi un homme d'une constitution robuste, dans la vigueur de l'âge, et au début du délire maniaque, présente des indications relatives à la pléthore et au spasme dont il est atteint; la saignée, les émétiques, les évacuans appropriés, joint à un régime délayant, doivent avoir l'initiative; ensuite à l'effet de s'opposer de nouveau à l'irritation des intestins, par la quantité, le changement de nature de la bile, et le séjour des substances que contiennent ces viscères, il est nécessaire de provoquer sur la peau, à l'aide des bains, diversement tempérés, des frictions, des émonctoires, et divers autres excitans,

excitans, l'action des exhalans, des capillaires sanguins et des nerfs; en même-temps il faut s'assurer de la régularité de la digestion et de la liberté du ventre. Dans cette seconde partie du traitement des Aliénés, on se propose de mettre en action l'organe cutané pour remédier au trouble et à l'accroissement des fonctions de l'appareil glandulo-muqueux, de diminuer la sécrétion de la bile, la sensibilité des nerfs des intestins, et le spasme de leurs fibres charnues, par l'éloignement du sang, dont l'abondance cause ces désordres. Ce traitement exige quelquefois une troisième partie; celle-ci prescrit l'administration des remèdes propres à rétablir l'action des intestins; l'helléborysme des anciens paraît devoir souvent remplir ce but. Des évacuations légères et soutenues procurent à la bile cette disposition *poisseuse* sur laquelle a beaucoup insisté le célèbre Lorry, dans son excellent traité *de Melancholiâ :* enfin dans tous les cas, le traitement de la manie doit avoir pour objet le rétablissement des fonctions naturelles de la peau et des organes de la digestion : tel est le but qu'on se propose, et les moyens qu'on met en usage dans l'hospice des Aliénés de Charenton.

Deuxième Observation communiquée par le Médecin en chef de l'Hospice de Charenton, à la suite de l'Extrait fait par MM. GASTALDY *et* DESCHAMPS.

LE 26 ventôse an 12, on reçut à l'hospice de Charenton, un homme âgé de cinquante-deux ans, d'un tempérament bilieux, d'une courte stature : les signes de folie qu'il avait, étaient assez légers; ils s'accrurent bientôt, la figure s'anima, la langue se recouvrit d'un enduit blanchâtre, les conjonctives devinrent jaunes et le pouls s'éleva fortement : une saignée et des remèdes évacuans furent incessamment suivis d'un soulagement très-marqué. Cependant cette rémission ne permit pas d'obtenir du malade des réponses fort exactes sur la cause de ses maux : on sut par un de ses parens que son imagination avait été exaltée par la superstition et l'avarice, qu'il avait éprouvé des pertes d'argent qui lui causèrent de grands chagrins, et qu'il se livrait à une vie libidineuse.

Le calme, qui suivit les remèdes précités, discontinua peu de temps après. Les idées chimériques et les propos insensés se renouvellèrent avec fureur ; le prestige d'opulence remplaça d'autres illusions : ce malade prétendit n'avoir besoin de rien, pas même de nourriture, qu'il refusait dédaigneusement. Les accidens s'accrurent jusqu'au 21 floréal suivant, qu'une espèce d'étourdissement se manifesta ; il tourna long-temps sur place jusqu'à ce qu'il tombât : de cette chute est résultée une forte contusion au-dessus de l'œil droit ; dès lors, jusqu'au lendemain, on ne remarqua plus que les signes d'un assoupissement profond : la mort eut lieu dans cet état.

Ouverture du Cadavre.

Embonpoint assez prononcé ; le sourcil droit, échymosé ; le crâne, intact, avait les dispositions naturelles ; le cerveau n'était point altéré ; ses vaisseaux et les sinus contenaient une assez grande quantité de sang.

La langue, enduite d'un mucus blanchâtre ; ses papilles, fermes et développées ; ses bords et sa pointe, rouges et excoriés ; le larynx, les organes pectoraux n'offraient rien de remarquable.

Le ventre météorisé ; les intestins, dilatés par des gaz ; l'estomac contenait beaucoup de matières bilieuses ; sa tunique interne ne semblait point altérée. Les intestins grêles présentaient une abondante quantité de matières muqueuses épaisses et bilieuses ; leur tunique interne, dans un état de phlogose catarrale peu intense ; mais on remarquait sur-tout l'épaississement de cette membrane: plusieurs anses de l'iléon offraient des excoriations; en d'autres endroits, les parois de cet intestin, fort minces, ne présentaient aucune valvule; la tunique muqueuse et les fibres charnues y étaient dans une sorte de relâchement et d'atonie très-grands : une seule portion de ces viscères était vuide et peu dilatée ; sa dernière extrémité était la plus altérée.

Le cœcum et le colon, considérablement engorgés par une quantité prodigieuse de matières épaisses, parmi lesquelles on trouvait des matières non digérées, et beaucoup de paille, qui ne semblait pas même avoir été mâchée ; leur membrane muqueuse, épaissie, excoriée, et un peu phlogosée en quelques endroits. Dans la plus grande partie des intestins, cette tunique était tellement distendue, qu'elle ne formait aucune valvule, et les fibres charnues si alongées, qu'on les distinguait à peine.

Les matières contenues dans le rectum différaient peu de l'état naturel par la fermeté, la consistance et la couleur : elles y étaient fort abondantes. La tunique interne de cet intestin n'était point altérée. Les glandes du mésentère, fort grosses ; les vaisseaux mésentériques, gorgés de sang.

Le foie, volumineux, mais peu rouge ; la vésicule, de grandeur moyenne; la bile, assez fluide et d'un jaune verdâtre ; la rate avait au moins une fois le volume naturel ; la vessie, fort dilatée.

L'ENGOUEMENT des intestins grèles par des matières muqueuses et bilieuses, leur dilatation par des gaz, l'altération de leur tunique interne ; l'atonie d'une partie de leurs fibres charnues, la difficulté qui devait en résulter pour la circulation des matières, la distension des gros intestins, l'impossibilité où étaient le cœcum et la portion transverse du colon, sur-tout, de se contracter ;

l'altération de la tunique muqueuse de ces viscères ; l'augmentation de volume de tout l'appareil glanduleux abdominal ; la compression de la prostate et du col de la vessie par les matières contenues dans le rectum ; la rétention de l'urine, la pression des muscles abdominaux, poussés en avant, et celle du diaphragme ; le reflux du sang, qui, pendant la vie, dut avoir lieu du côté du cerveau, et consécutivement la compression de cet organe déterminée par la distension de ses vaisseaux et des sinus ; l'état de la langue, consistant dans sa fermeté et son enduit : tels sont les faits qui doivent fixer l'attention de l'observateur. La similitude de ces faits avec ceux qu'on remarque dans les observations rapportées par M. Prost, est conforme aux principes de son ouvrage.

RAPPORTS
FAITS SUR CET OUVRAGE
DANS QUELQUES JOURNAUX.

Gazette de France, 22 *prairial an XII*, (11 *juin* 1804.)

Les meilleurs ouvrages sur l'art de guérir sont, sans doute, ceux auxquels ont présidé une étude approfondie et une pratique constamment suivie. Ce n'est que dans le livre de la nature qu'on peut trouver des documens certains sur les maladies qui se rencontrent plus ou moins fréquemment. C'est l'habitude de voir les malades qui donne seule ce tact nécessaire pour bien juger des différences qui varient à l'infini chaque espèce de maladies, et souvent même celles qui paraissent avoir le plus de rapport entre elles.

L'ouvrage de M. Prost, considéré sous ce point

de vue, est peut-être un des plus utiles que l'on ait publiés jusqu'ici. Il a cherché dans les cadavres mêmes, les causes qui ont fait périr une infinité de malades, et fait plus de quatre cents ouvertures de corps, avant de publier ses observations. Un pareil travail demandait une volonté très-décidée, un courage inébranlable, et peut-être plus d'amour pour la vie des autres que pour la sienne.

Cet ouvrage est fait avec une méthode qui le rend infiniment utile; l'auteur y donne l'état de chaque malade du moment où il est appelé à le secourir, jusquà celui de sa mort; puis après avoir procédé à l'ouverture du corps, et examiné les désordres qui ont fait naître la maladie, il trace, dans le plus grand détail, le résultat de ses observations, de manière à mettre ses lecteurs à même d'en tirer presque autant de fruit que lui-même.

Journal des Débats, 30 *prairial an XII*, (11 *juin.*)

La doctrine d'Hippocrate est une science de faits; aussi passa-t-elle de siècle en siècle dans les écoles de médecine, qui la reçurent avec une vénération que le temps n'a point affaiblie.

Les opinions qui ne sont que séduisantes, et les doctrines sans fondement, peuvent durer quelques instans; mais la vérité seule, compagne inséparable des faits sur lesquels elle repose, est indestructible. Convaincu de ce principe, M. Prost étudia la médecine dans le grand livre de la nature; c'est après avoir observé un très-grand nombre de malades, et ouvert beaucoup de cadavres, qu'il publie les faits utiles à la science, que ce travail lui a révélés. La première partie de cet ouvrage contient la doctrine de l'auteur, tandis que la deuxième, riche en observations, fait connaître la source précieuse qui l'a produite. Il ne suffit pas de discuter des systèmes, de rassembler des conjectures, et de s'environner de probabilités plus ou moins séduisantes, pour pénétrer dans le sanctuaire de la vérité; il faut bien plus, il faut encore réunir des faits incontestables; et voilà le travail précieux que M. Prost offre au public.

Moniteur universel, 10 messidor.

Cet ouvrage, a dit le professeur Hallé, a pour objet principal la recherche des rapports qui existent entre les lésions des viscères que l'on observe à l'ouverture des corps, et les principales altérations qui forment le caractère distinctif des maladies qui ont été causes de la mort.

Le fait le plus généralement observé par l'auteur, et celui qui se représente sous ses yeux avec le plus de constance, est la liaison des altérations de la membrane muqueuse intestinale, avec les dérangemens des fonctions intellectuelles, sur tout dans la fièvre ataxique, les fièvres accompagnées d'un délire, qui ne dépend pas d'une affection idiopathique du cerveau, l'épilepsie, la manie, etc.

Un grand nombre d'ouvertures qui concourent à démontrer le même principe, et le grand nombre de cas auxquels il est applicable, donnent à cet ouvrage une importance qui doit fixer l'attention des gens de l'art, et faire desirer que les observateurs s'occupent spécialement de vérifier les conséquences que M. Prost a tirées de ses observations.

Déjà plusieurs médecins, MM. Gastaldy, Leclerc, Beauvais, etc., ont communiqué à l'auteur des faits qui sont parfaitement d'accord avec ce qui est annoncé dans son ouvrage.

De pareils témoignages sont les vrais garans de son utilité.

Décade Philosophique, 10 messidor.

Enfin cet ouvrage dont nous regrettons de ne pouvoir donner ici qu'un faible apperçu résulte de recherches anatomiques très-multipliées, etc.

TABLE DES MATIÈRES.

FIN DE LA TABLE.

ERRATA.

page 16, ligne 11, celles, *lisez* : celle.
page 20, ligne 36, trouve, *lisez* : se trouve.
page 30, ligne 29, lesquelles, *lisez* : lesquels.
page 36, ligne 23, ont lieu, *lisez* : agissent.
page 53, ligne 2, resserrerait, *lisez* : resserrait.
page 55, ligne 28, tous les degrés, *lisez* : les derniers degrés.
page 141, ligne 1, espèce, *lisez* : genre.
page 142, ligne 25, de la maladie, *lisez* : de l'état de maladie.
page 147, ligne 10, appartient, *lisez* : peut appartenir.
page 151, ligne 16, non naturelle, *lisez* : naturelle.
page 158, ligne 9, qu'ils ont, *lisez* : qu'elles ont.
page 202, ligne 27, réagissent, *lisez* : réagissant.
page 209, ligne 19, ce fluide, *lisez* : le sang.
id. ligne 32, connaissions, *lisez* : connaissons.
page 220, ligne 25, qu'ils, *lisez* : qu'elles.

NOTA. C'est par erreur que dans plusieurs pages, on a écrit les imparfaits, etc. par *oi* au lieu d'*ai*.

gramcontent.com/pod-product-compliance
, Source LLC
TN
330060726
/00017B/492